아이와 함께
철학하기

PHILOSOPHER ET MÉDITER AVEC LES ENFANTS
by Frédéric LENOIR

Copyright © Editions Albin Michel - Paris 2016
Korean translation copyright © Gimm-Young Publishers, Inc. - Seoul 2019
All rights reserved.

This Korean Edition is published by arrangement with Editions Albin Michel, France
through Milkwood Agency, Korea.

Cet ouvrage, publié dans le cadre du Programme d'aide à la Publication Sejong,
a bénéficié du soutien de l'Institut français de Corée du Sud.

이 책은 주한 프랑스문화원의 세종 출판 번역 지원프로그램의 도움으로 출간되었습니다.

PHILOSOPHER ET MÉDITER AVEC LES ENFANTS

프레데릭 르누아르 지음 | 강만원 옮김

아이와 함께 철학하기

명상하고
토론하며
스 스 로
배 우 는
철학교실

김영사

아이와 함께 철학하기

1판 1쇄 인쇄 2019. 3. 18.
1판 1쇄 발행 2019. 3. 25.

지은이 프레데릭 르누아르
옮긴이 강만원

발행인 고세규
편집 박보람 이혜민 | 디자인 박주희
발행처 김영사
등록 1979년 5월 17일 (제406-2003-036호)
주소 경기도 파주시 문발로 197(문발동) 우편번호 10881
전화 마케팅부 031)955-3100, 편집부 031)955-3200, 팩스 031)955-3111

값은 뒤표지에 있습니다.
ISBN 978-89-349-9506-7 03590

홈페이지 www.gimmyoung.com   블로그 blog.naver.com/gybook
페이스북 facebook.com/gybooks   이메일 bestbook@gimmyoung.com

좋은 독자가 좋은 책을 만듭니다.
김영사는 독자 여러분의 의견에 항상 귀 기울이고 있습니다.

이 도서의 국립중앙도서관 출판예정도서목록(CIP)은 서지정보유통지원시스템 홈페이지
(http://seoji.nl.go.kr)와 국가자료공동목록시스템(http://www.nl.go.kr/kolisnet)에서
이용하실 수 있습니다.(CIP제어번호 : CIP2019008221)

"너나없이 어릴 때는 주저 없이 철학에 열중해야 되며,
나이가 들어서는 철학하는 데 지치지 말아야 한다.
영혼의 건강을 지키기 위해서는 너무 이르거나
늦은 나이가 있을 수 없기 때문이다."

에피쿠로스, 《메노이케우스에게 보내는 편지》

프롤로그 · 8

① 명상으로 집중력 훈련하기

명상에서 '마음 채움'으로 · 19

명상하는 방법 · 23

아이와 힘께 집중력 훈련하기 · 25

아이와 교사가 말하는 명상 효과 · 27

② 아이와 함께 철학 시작하기

몇 살부터 철학을 시작할 수 있을까? · 34

'아이와 함께 철학하기'와 바람직한 장소 · 42

철학교실의 기본적인 규칙과 10가지 제안 · 46

아이와 교사의 경험담 · 58

③ 아무도 틀리지 않는 철학교실

행복이란 무엇일까? · 69

감정이란 무엇일까? · 83

사랑이란 무엇일까? · 99

진정한 친구란? · 116

인간은 다른 동물들과 같을까? · 123

폭력에 폭력으로 맞서야 할까? · 132

믿는 것과 아는 것의 차이는 무엇일까? • 153
죽을 수 있는 것이 좋을까,
아니면 영원히 죽지 않는 것이 좋을까? • 163
삶에 의미가 있을까? • 172
성공한 삶이란 무엇일까? • 185

④ 철학교실의 20가지 주요 개념

사랑 • 204 | 돈 • 207 | 예술 • 210 | 타인 • 213 | 아름다움 • 216
행복 • 219 | 육체와 정신 • 222 | 욕망 • 225 | 의무 • 228 | 감정 • 231
인간 • 234 | 자유 • 238 | 도덕 • 241 | 죽음 • 244 | 종교 • 247
사회 • 250 | 시간 • 253 | 일 • 256 | 진실 • 259 | 폭력 • 262

에필로그 • 265
감사의 말 • 271
옮긴이의 말 • 274
참고 자료 • 278

프롤로그

"엄마, 내가 철학을 배우려고 지금까지 꼬박 7년 반을 기다렸나 봐요!" 브란도의 작은 마을에 있는 초등학교에서 '철학교실'을 마치고 집에 돌아온 쥘리앵이 들뜬 목소리로 외쳤다.

나는 수백 명의 초등학교 어린이들과 함께 겪었던 감동적인 모험을 이 책에 담았다. 그 아이들은 프랑스어를 사용하는 여러 도시에서 나와 함께 철학교실 수업을 받았다. 흔히 생각하는 것과 달리 아이들에게는 어른들이 미처 파악하지 못한 특별하고 심층적인 능력이 있다. 나이가 어리고 삶의 경험이 부족하지만 아이들은 그들의 방식대로 세상과 삶의 가치에 대해서 문제를 제기하고 자신에 대해서 진지하게 질문한다. 또한, 진실에 쉽게 감동하면서 자신이 생각하고자 하는 대상에 대해 깊이 성찰하는가 하면, 다른 사람의 주장과 자기 생각을 비교하는 능력, 간단히 말해서 철학하기 위한 기본적인 능력이 있다.

오래전에 몽테뉴가 말했던 것처럼, 우리는 "잘 채워진 머리"보다는 "잘 갖춰진 머리"가 되도록 어릴 때부터 아이들을 바르게 이끌어야 한다. 오늘날 고등학교 졸업반에서 경험하는 것처럼 철학적인 개념들을 머리에 차곡차곡 쌓는 것보다, 어릴 때부터 규칙을 존중하면서 토론하는 방법을 익히고 비판의식과 분별력을 키우도록 가르쳐야 한다.

내가 오래전부터 고등학교 졸업반이 아니라 초등학교에서 철학을 시작해야 된다고 확신했던 이유다. 다시 말해 외부에서 의도적으로, 또는 은연중에 주입되는 '믿음'이나 '주장'이 아니라 객관적인 논거에 따라 아이들이 자신의 생각을 올곧게 전개하는 방법을 배울 수 있어야 한다. 그런데 내가 미처 깨닫지 못했던 사실이 있다. 이미 어린이를 위한 철학교실이 대략 30년 전부터 곳곳에서 운영되고 있었지만 내가 모르고 있었을 뿐이다.

초등학교 아이들과 함께 겪은 모험은 제네바에 있는 라 데쿠베르트 초등학교의 설립자이며 교장인 카트린 피르메니쉬를 만났던 2015년부터 시작되었다. 제네바 총회에 강사로 참석했던 나는 오랫동안 마음에 담아두었던 이야기를 그 자리에서 꺼냈다. 내 순서가 끝나자 카트린이 나에게 다가와서 이렇게 말했다. "우리는 이미 실천하고 있답니다. 몇 년 전부터 4세부터 11세의 아이들을 데리고 철학교실을 운영하고 있거든요." 그 말을 듣는 순간 나는 그녀가 운영하는 철학교실에 참여하고 싶은 마음이 솟구쳤다. 카트린이 운영하는 철학교실의 개강을 앞두고 그녀와 만나기로 약속했다. 다시 만난 날, 나는 그 학교의 여교사 베르나데트 레이몽이 인도하는 철학교실을 참관했다. 다른 교사들과 마찬가지로 베르나데트는 미국인 철학자 매슈 리프먼Matthew Lipman의 방법론을 따르고 있었다. 리프먼은 1970년대부터 가장 먼저 아이를 위한 철학교실을 시작했던 선구자이며, 몬트리올의 라발 대학교 교수인 미셸 사스빌Michel Sasseville에 의해서 리프먼의 방법론은 프랑스어를 사용하는 여러 나라에 전해지고 발전되었다. 철학교실 교사들을 양성하기 위해서 동분서주하던 미셸 사스빌도 수업에 참관했다. 그날 아이들은 헬렌 켈러 이야기에서 발췌한 텍스트로 토론을 시작했다. 어렸을 때 앓았던 병의 후유증으로 시각 장애에 청각, 언어 장애까지 생긴 헬렌 켈러는 한때 자기가 쓸모없는 인간이라고 생각했다. 베르나데트는 헬렌 켈러의 절망에 대해 아이들에게 물었다. "헬렌 켈러는 왜 자신이 쓸모없는 존재라고 생각했을까?" 그때부터 아이들 사이에 활발한 토론이 이어졌다. 먼저 발언하기 위해서 여기저기서 아이들이 손을 치켜들었다. 철학 수업을 받은 적이 없는 아이들이었지만, 뜻밖에 아이들의 토론은 내용이 풍부하고 깊이가 있었다. 나는 큰 감동을 받았다. 내가 오랫동안 상상했던 것이 실제로 존재하고 있었고, 잘 진행되고 있었기 때문이다.

　다만 나는 정해진 텍스트를 가지고 토론하는 방법에 대해서는 의구심을 가졌다. 소크라테스가 했던 것처럼 사전에 주어진 텍스트가 없이, 예를 들면 '자신이 쓸모없다는 것이 무슨 의미인가?'라고 아이들에게 직접 질문하지 않는 이유가 무엇일까? 그날 소중한 경험을 했던 나는 나름대로 새로운 방식의 철학교실을 운영하겠다고 마음속으로 다짐했다. 나와 함께 아이들은 중요한 철학적인 질문, 예를 들면 행복, 사랑, 함께 사는 것, 인생의 의미, 죽음, 감동, 정의 같은 다양한 주제에 대해서 사전에 주어진 텍스트가 없이도 활발하게 토론할 수 있을 것이다.

　그 뒤에 나는 두 달 동안 여러 곳을 여행하면서 프랑스, 스위스, 벨기에의 초등학교 교장들과 교사들을 만났다. 아이들과 함께 떠나는 즐거운 모험을 시작하기 위해서 미리 준비한 것이다. 오래전에 멀리 과테말라, 캐나다, 코트디부아르에 여행 갔던 기억이 새삼 떠올랐다. 다양한 문화를 경험하기 위해서 가능하면 멀리 떨어진 나라에서 철학교실을 진행하기로 마음먹었다. 2016년 1월부터 6월까지 철학교실에 매달렸다. 그동안 나는 10개 학교의 18개 학급에서 대략 50개 정도의 철학교실을 이끌었다. 그 뒤로도 아이들의 변화를 확인하기 위해서 400명 이상을 두세 번에 걸쳐서 다시 만났다(예를 들면 몰렌비크, 제네바, 페제나, 파리, 브란도, 무앙사르투에서 재회가 이루어졌다).

1980년대에 스위스 프리부르 대학교에서 나와 함께 철학을 공부했던 자크 드 콜롱은 자신의 전공을 살려 20여 년 전에 새로운 모험을 시작했다. 오랫동안 근무했던 중학교에서 학생들과 함께 명상을 실행한 자크는 명상을 통한 집중력 훈련이 얼마나 놀라운 효과를 나타냈는지 나에게 말해주었다. 그의 말을 들어보면, 모든 학급에서 매일 실시했던 명상이 어린 학생들의 생활을 근본적으로 변화시켰을 뿐 아니라 교사들에게도 지대한 영향을 끼쳤다.

　30년 이상 명상을 수행했던 나는 철학에 명상을 접목해서 단기 과정으로 철학교실을 운영하기로 결정했다. 나의 목적은 감수성이 예민한 아이들을 명상과 철학으로 다시 교육시켜서, 그들이 끊임없이 이어지는 잡다한 생각에 좇기지 않고 명상을 통해 자신들의 '현재'에 집중하는 방법을 깨우치게 하려는 데 있었다. 수업 결과는 나의 예상을 뛰어넘었다. 뒤에 다시 아이들의 말을 인용하면서 깊이 있게 다루겠지만, 당장은 아이들이 두 가지 훈련에 열광했다는 점을 먼저 밝힌다.

　학급별로 두세 번의 명상 실습을 마치고 나면 대부분의 아이는 집에서도 자발적으로 명상을 수행했다. 어떤 감정, 예를 들면 분노처럼 격렬한 감정에 사로잡힐 때 아이들은 명상을 통해서 감정을 차분히 가라앉힐 수 있었다. 집중력 훈련의 효과에 강한 인상을 받은 교사들은 매일, 또는 아이들이 수업 시간에 흥분하거나 동요할 때마다 아이들의 마음을 가라앉히고 아이들이 자신에게 집중할 수 있도록 명상을 적용하기로 다짐했다.

철학교실은 여러 면에서 아이들을 열광시켰다. 배운 지식을 기계적으로 반복하지 않으면서 아이들이 자신의 생각을 거침없이 말할 수 있는 유일한 공간이 철학교실이었기 때문이다. 철학교실 덕분에 교사들은 평상시 수업 시간에 거의 말을 하지 않던 소극적인 학생들에게서 도리어 지적인 예리함을 발견할 수 있었다고 말했다. 반면에 일반적인 학과 수업에서 두각을 나타냈던 다른 아이들은 논증을 통해 자신의 개인적인 생각을 표현하는 철학 수업에 매우 당황하는 모습을 보였다. 아이들은 행복, 삶과 죽음, 감동과 감정, 자신과 타인과의 관계 같은 실존철학의 중요한 질문에 큰 관심을 보였다. 사실 아이들은 이런 문제를 맞닥뜨리거나, 이런 문제에 대해서 자신의 생각을 자유롭게 표현할 수 있는 기회가 거의 없었다. 철학교실을 통해 마침내 아이들은 토론의 기회와 소중한 가치를 발견할 수 있었다. 마침내 아이들은 믿음이나 사상의 메마른 이론에서 벗어나서 자유로운 사유로 나아갈 수 있었다.

교사나 부모에게 아이들을 위한 명상의 효과와 더불어 철학적인 토론의 가치를 전하기 위해서 이 책을 써야겠다고 생각했다. 명상 훈련 장소는 학교로 제한되지 않는다. 가정에서도 개인적인 수행을 통해서 얼마든지 명상할 수 있다. 많은 아이가 집에서도 조용한 공간을 찾아 명상을 계속하고 있다고 했고, 그중 몇몇은 부모에게 명상하는 방법을 가르쳐주었다고 자랑했다. 철학교실 또한 가정에서도 효과적으로 실천할 수 있다. 다수의 아이들을 모아 한 가지 문제, 또는 텍스트를 제시하면서 주제에 대해 깊이 생각하고 자유롭게 토론할 수 있도록 분위기를 만들어주면 된다.

이 책은 철학교실을 효과적으로 운영하는 방법을 제시한다. 철학을 전공하지 않은 교육자들에게 도움을 주기 위해서 나는 지금까지 다뤘던 철학의 주요 개념을 구체적으로 정리한 예문을 준비했다. 그것을 이용해서 철학을 전문적으로 연구하지 않은 교사나 부모가 자신들의 개인적인 의견을 사전에 제시하지 않고 다만 아이들이 말하는 것만을 토대로 철학교실을 인도할 수 있을 것이다. 아이들에게 철학교실의 주도권을 주는 것이 중요하다. 교사나 부모가 아니라 아이들이 생각하고 말하는 내용을 중심으로 철학교실을 운영할 때 비로소 토론을 통한 사유의 발전을 기대할 수 있기 때문이다. 책의 말미에 나는 20가지 실용적인 목록을 덧붙였다. 철학의 주요 개념을 정리한 목록을 참고하면서 철학교실 인도자들이 아이들의 토론을 이끄는 데 적이 도움을 받을 수 있을 것이다.

진정한 교육혁명이 세계 곳곳에서 시작되었다. 이를테면, 아이들의 창조성이나 감동적인 지성, 비평의식 그리고 시민으로서 갖춰야 되는 책임감을 개발하는 방법에 대한 연구는 세상을 변화시키는 바람직한 원동력이 될 것이다. 나는 세상의 개선, 특히 시대의 광신에 맞선 저항은 바로 아이들을 바르게 교육하는 것으로 이루어질 수 있다고 확신한다. 따라서 이런 운동에 기여할 수 있다는 사실만으로도 나는 무척 행복하다. 지성과 윤리의식, 스스로 감정을 다스리며 지혜를 개발하는 능력, 그것이 진정한 자유이며 내면의 평안이기 때문이다.

PHILOSOPHER ET MÉDITER AVEC LES ENFANTS

명상으로
집중력
훈련하기

○

명상은 역사적으로 아주 오래된 정신 훈련이며 다양한 형식을 지니고 있다. 서양에서는 명상을 어떤 생각이나 텍스트에 대한 깊은 사색으로 이해한다. 따라서 '명상하다'라는 말은 분명한 대상에 대해 깊이 생각하는 것을 의미한다. 반면에 동양의 지혜에서는 명상이라는 이름의 깊은 사색이 서양과 전혀 다른 의미로 사용된다. 이를테면 동양에서 명상은 '마음의 해방'에 이르기 위한 고도의 이해와 의식이며, 정신과 자아의 오류에 갇히지 않는 무아의 상태를 말한다.

명상에서
'마음 채움'으로

내면의 해방을 얻는 방법으로서 명상 훈련이 가장 발전하고 풍부하며 섬세해진 것은 불교의 전승 때문이었다. 어림잡아 우리는 명상에서 서로 다른 두 단계를 구별할 수 있다. 처음은 팔리어인도 범어의 속어-옮긴이로 사마타samatha: 지止라고 하는 단계다. 그것은 끊임없이 밀려오는 사유의 파도에서 벗어나서 마음의 평안을 얻고, 소용돌이치는 의식을 진정하는 방법이다. 두 번째 역시 팔리어로 비파사나vipassana: 관觀라는 단계다. 그것은, 예를 들면 관찰과 집중을 통해서 긴장된 의식을 풀어주며 대상과의 공감을 향상시키는 방법이다. 그러나 사마타와 비파사나는 서로 분리되는 것이 아니며, 명상하는 사람이 실제로 명상을 수행할 때 두 단계는 종종 공존한다. 둘은 결코 기계적으로 분리되지 않으며, 우리는 감정과 마음을 진정시키는 기술로서 종교적인 명상만을 일방적으로 이용할 수 없다. 따라서 명상 연구의 주된 목적은 더 이상 궁극적인 해방을 위한 정신적인 성장과 수양이 아니라, 주의와 긴장을 완화하는 데 있다. 우리는 서양에서 대략 30년 전부터 나타나기 시작한 종교적인 불교 명상의 일반화, 또는 세속화에 주목하고 있다.

이런 형식의 서양 명상의 선구자는 프란시스코 바렐라Francisco Varela와 존 카밧진Jon Kabat Zin이다. 1970년대에 티베트의 선禪 스승과 만났던 두 사람 모두 '비종교적인' 명상 훈련의 중요성을 깨달았다. 빡빡한 일상에 사로잡혀 과도한 긴장 속에 살면서 끊임없이 몰려드는 생각과 감정으로 인한 스트레스를 해소할 길 없는 현대사회의 개인들을 위한 명상에 집중했던 것이다. 프란시스코 바렐라는 1990년대에 내가 서양 불교에 대한 연구로 박사논문을 준비할 때 가까이 지냈는데, 하버드 대학교에서 박사학위를 받은 칠레의 신경생물학자다. 그는 프랑스에 있는 CNRSCentre National de la Recherche Scientifique: 국립과학연구센터에서 풍부한 경력을 쌓았으며, 피티에 세페트리에 병원 인지신경의학과 소속의 뇌 단층사진 연구소를 운영했다. 불교신자로서 명상가인 그는 1987년에 정신과 생활le Mind and Life 연구소를 세웠다. 그곳에서 프란시스코 바렐라는 의식과 정신세계에서 높은 수준을 지닌 과학자들과 달라이 라마 사이의 심층적인 담론을 기획했다. 단층사진을 통한 명상가들의 뇌 연구 분야의 선구자였던 그는 2001년에 사망했지만, 그의 연구는 세계의 수많은 연구원을 통해 지속되고 있다. 그들 가운데 프랑스 과학자 앙투안 뤼츠Antoine Lutz는 바렐라의 지도로 박사학위를 받은 뒤에 신경과학을 매개로 명상 연구에 열중했다. 리옹의 INSERMInstitut National de la Santé et de la Recherche Médicale: 국립보건의학연구소과 미국 위스콘신 대학 연구소에서 책임연구원으로 일했던 그는 뇌에 나타나는 명상의 다양한 영향들을 밝히는 연구 결과를 발표했다. 실험을 위해서 그가 뇌에 전도체를 장착했던 수많은 사람 가운데 프랑스의 유명한 불교 승려인 마티외 리카르Matthieu Ricard가 있다. 주의 깊은 관찰을 통해서 바렐라는 명상가들이 뛰어난 주의력과 집중력을 지녔다는 사실을 밝혀냈으며, 명상이 감정 조절에 중요한 역할을 담당하는 동시에 뇌의 다양한 활동을 통합하는 데 큰 도움을 준다는 사실을 증명했다.

수십 년 전부터 수많은 의사, 특히 정신과의사들은 신체적 · 정신적인 건강에 끼치는 명상의 효과에 관심을 가졌다. 오늘날, 규칙적인 명상이 불안장애와 우울증증후군 치료에 효과가 있다는 사실이 밝혀졌다. 또한 우리는 불교신자이며 명상가, 그리고 의사인 동시에 미국 매사추세츠 기술연구소의 분자생물학 교수인 존 카밧진의 심층 연구에 주목한다. 그는 1970년대 후반부터 신체 반응에 주목하면서 심리적인 안정을 꾀하는 명상의 기본 단계에서 나타나는 긍정적인 효과에 깊은 관심을 가졌다. 그 상태를 존 카밧진은 영어로 '마음 채움mindfulness'이라고 명명했지만, 유감스럽게도 프랑스에서는 '충만pleine conscience'이라고 잘못 번역하면서 본래의 의미가 모호해지고 말았다. 그가 말한 '마음 채움'은 의식에 관한 것이 아니라, 자신의 호흡과 신체적인 감각에 집중하면서 '지금 여기서' 나타나는 자신의 존재에 관한 것이기 때문이다. 따라서 나는 의도적으로 '집중력 훈련exercice de l'attention', 또는 '충만한 존재pleine présence'로, 상황에 따라 달리 이름을 붙였다. 서양 명상교실을 개설했던 철학자 파브리스 미달Fabrice Midal이 나와 함께 이런 관점을 깊이 공유했다. 1979년에 존 카밧진은 MBSRMindfulness Based Stress Reduction: 긴장 완화를 통한 마음 채움이라는 이름으로 마음 채움의 수행을 통한 스트레스 해소 방법에 초점을 맞췄다. 그때부터 그는 수천 명에게 이 방법을 전수했다. 그에게 전수받은 사람들 가운데 프랑스의 유명한 정신과의사 크리스토프 앙드레Christophe André가 있다. 생트안 병원의 수많은 환자에게 그 기술을 적용했던 경험을 토대로 크리스토프 앙드레는 베스트셀러《앙드레 씨의 마음 미술관Méditer, jour après jour》을 저술해서 일반 대중에게 명상을 널리 알렸다.

명상하는 방법

명상의 한 단계인 '집중력 훈련'의 원리는 간단하다. 아무것도 기다리지 않고 다만 '지금 여기서' 있는 그대로 자신의 몸 안에 존재하는 것이다. 가능하면 앉은 상태에서 등을 곧게 펴고 두 손은 무릎 위에 올린 상태에서 손바닥을 가볍게 펴는 상태가 효과적인 명상을 위해 더욱 바람직하다. 눈은 가만히 감고 있거나, 반쯤 감은 상태에서 자기 앞의 바닥을 바라본다. 그 상태에서 자신의 배와 폐에 숨이 들어오고 나가는 호흡에 집중한다. 끊임없이 떠오르는 생각들을 붙잡으려 하지 말고 스쳐 지나가도록 가만히 내버려둔다. 머리에 떠오른 생각에 대해서 어떤 판단도 하지 않고 집착하지 않으면서 단지 조용히 관찰하면서 숨결과 몸의 감각에 계속 집중한다. 이 점에 관해서 마음 채움은 내가 청소년기에 시도했던 비토즈Vittoz, 프랑스의 유명한 크로스컨트리 스키 선수로 감각을 이용한 자신의 특별한 집중력 훈련을 고안했다—옮긴이의 훈련 방식에서 영감을 얻는다. 이를테면, 감각적인 인지를 통해 우리는 주의를 집중하는 방법을 배울 수 있다. 머릿속에 떠오르는 생각과 상상의 물결에 휩쓸리지 않기 위해서 감각, 냄새, 소리, 그리고 우리가 보거나 맛보는 것들에 주의를 집중하는 방법을 향상시킬 수 있다. 이렇게 신체의 자연스러운 리듬에 주의를 집중하면서 우리는 차분하게 의식을 진정시킬 수 있다.

아이와 함께
집중력 훈련하기

주의 집중이 아이들에게는 매우 힘든 일이라는 사실을 교육자와 부모와 교사는 잘 알고 있다. 어떤 연구에 따르면 아이들이 한 가지에 집중할 수 있는 능력은 단 8초를 넘기지 못한다! 집중력 훈련을 통한 명상은 아이들에게 매우 유익하다. 약 15년 전부터 집중력 훈련을 위한 다양한 방법을 유치원과 초등학교에서 시도했다. 그것 가운데 가장 널리 알려진 방법은 네덜란드의 교육자이며 임상의인 엘린 스넬Eline Snel이 제시한 명상법이다. 그는 20년 이상 아이와 청소년에게 '마음 채움'의 실용적인 명상법을 가르쳤으며, 연령에 맞게 적용할 수 있는 실용도서 여러 권을 저술했다. 네덜란드에서는 교육부가 앞장서서 엘린 스넬이 제안한 방식을 모든 초등학교 교사에게 무상으로 전수했다. 대대적인 성공을 거둔 그의 저서 《개구

리처럼 주의 깊고 침착하게Calme et attentif comme une grenouille》는 2012년에 프랑스어로 번역되어 12만 부 이상이 판매되면서 프랑스에서 명상을 대중화했다. 엘린 스넬은 네덜란드, 프랑스, 벨기에, 스페인, 심지어 홍콩에서도 명상을 가르쳤다. 마음 채움의 명상에 가까이 접근하기 위해서 그는 아이들이 자신의 호흡을 쉽게 느낄 수 있도록 두 손을 배에 얹으라고 권한다. 아이들이 자신에게 알맞은 위치에 손을 두는 것이 낫지만, 어쨌든 그의 제안 역시 좋은 방법이다.

프랑스 학교든에서는 자체적으로 또는 교육자와 강사가 모인 협회들과 연계를 통해 명상 훈련을 서서히 실행하고 있다. 그중 2012년에 로랑스 드 가스파리Laurence de Gaspary가 설립한 '어린 시절과 주의력Enfance et Attention'이라는 협회가 있다. 앞에서 말한 존 카밧진의 MBSR을 토대로 집중력 개발 방법을 어린아이와 청소년에게 적용하는 협회다.

아이와 교사가
말하는 명상 효과

한 학기 과정의 명상 훈련을 위한 철학교실을 시작했을 때 나는 각 반의 아이들에게 명상이 무엇인지 아느냐고 물었다. 물론 나는 어떤 아이도 학교에서 명상을 해본 적이 없다는 것을 잘 알고 있었다. 그럼에도 아이들 다섯 명 중에서 평균 두 명꼴로 명상이 무엇이냐는 질문에 때로는 분명히, 때로는 어렴풋이 나름의 생각을 갖고 있었다. 철학교실에서 나눴던 대화 가운데 일부를 발췌해서 여기에 옮긴다.

마엘(9세)　　　명상은 휴식을 취하면서 아무 생각도 하지 않는 거야.

샤를리(9세)　　의식을 비우는 거야.

로뱅(11세, 이 아이는 이미 아버지와 함께 명상을 배웠다)　무슨 일로 흥분했을 때 감정을 완전히 비우는 거야.

클라라(9세)   마음을 진정시키고 차분해지는 거야.

우알리(7세)   긴장을 완화시켜 줘.

마루아(8세)   명상은 조용히 참선하는 거야.

페니엘(9세)   의식에 집중하면서 움직이지 않는 거야.

도나텔라(10세)   집중하는 방법을 배우는 거야.

마리(9세)   깊이 생각하기 위해서 조용한 시간을 갖는 거야.

루이즈(10세)   숨을 쉬면서 조용히 생각하는 거 같지만, 사실은 아무 생각도 하지 않아.

마리우스(9세)   명상은 스트레스를 해소하는 약과 같아.

엔조(10세)   가만히 앉아서 집중하고, 깊이 생각하는 거야.

텍산(9세)   명상을 하는 이유는 모든 것을 잊기 위한 거야.

노에미(10세)   몸은 잠자고 있지만 마음은 깨어 있는 거야.

페넬로페(9세)   공부를 잘하기 위한 거야.

에바(10세)   마음을 진정시키고 긴장을 풀기 위한 거야.

아이들의 말을 정리해보면, 명상에 대해 나름대로 생각이 있는 아이들 가운데 대다수는 명상을 '의식의 비움'이라는 동양의 세속화된 관점으로 파악하고 있었다. 그들은 명상이 긴장을 완화하고 정신을 집중하며 마음의 평안을 찾을 수 있는 정신 훈련이라고 생각했다. 여러 아이 가운데 두 명만이 명상을 서양의 관점, 이를테면 어떤 대상에 대해 깊이 생각하는 방법이라고 생각했다. 토론을 하던 중에 한 여자아이가 생각을 바꾸었다. "제대로 명상하려면 사실은 아무 생각도 하지 않아야 돼!" 그것은 가족, 또는 좀 더 넓은 범주에서 문화적인 영향을 받아 아이들이 명상에 대해서 말할 때 머리에 담고 있는 것은 내적인 안정을 위한 주의력 집중 훈련이라는 것을 보여준다.

나는 철학교실을 시작하기에 앞서 각 반의 아이들에게 기본적인 자세를 말해주었다. 명상을 할 때 자세를 바로 하고, 의자에 앉아서, 다리가 꼬이지 않도록 두 발을 나란히 땅에 대고, 손은 책상 위나 무릎 위에 가만히 두고, 눈을 지그시 감고, 자신의 호흡에 집중하면서 매 순간 떠오르는 생각들이 스쳐 지나가게 하라고 말했다. 첫 번째 훈련은 가까스로 2~3분 정도 지속되었다. 훈련을 지속하기 힘들 만큼 주의가 산만한 아이들도 있었지만, 대부분은 규칙을 지키면서 가만히 눈을 감고 명상에 몰두했다. 몇 차례 집중력 훈련을 거친 다음부터 아이들 대다수는 명상에 더욱 깊이 빠져들어 조용히 침묵을 지키면서 명상이 끝날 때까지 집중하는 데 성공했다. 나는 아이들의 발전을 지켜보면서 점차 훈련 시간을 5분까지 늘릴 수 있었다. 교사들이 '집중력 훈련'에 몇 차례 참석하고 나서 아이들의 성화로 철학교실을 벗어나서 명상을 수행하기로 결정하면 더욱 쉽게 이루어진다. 자크프레베르 드 페제나스 초등학교 교사 소피 메르는 이렇게 말했다.

저는 여러 번 아이들과 함께 명상 훈련을 진행했습니다. 수업 사이에, 또는 수업을 시작하기 전에 실행하면 아이들이 너무 소란스럽거나 산만해서 명상을 할 수 있는 준비가 되지 않는다는 것을 알았습니다. 혼잡한 상황에서 벗어나서 자신에게 돌아오게 하는 간단한 지적을 통해 아이들은 몇 분 동안 자세를 갖추고 명상에 집중할 수 있습니다. 훈련은 또한 아이들이 안정을 찾기 위해 각자 취할 수 있는 방법에 대해서 나름대로 말할 수 있는 기회를 제공해주었습니다. 또한 아이들이 흥분하거나 힘들어할 수 있다는 것을 확인하고 우리의 결정으로 그런 상태에서 벗어날 수 있다는 것을 아는 기회가 되었습니다. 어떤 아이들은 명상을 매우 소중하게 생각해서 집에 돌아가서도 집중력 훈련을 시도하게 되었습니다.

마지막 부분이 나를 가장 감동시킨 점 가운데 하나다. 한 학기가 끝나는 마지막 철학교실에서 나는 아이들에게 집에서도 명상하기로 마음먹었는지 물었다. 놀랍게도 모든 학급에서 아이들의 3분의 2 정도가 긍정적으로 대답했다. 나는 아이들에게 "왜 명상을 하려고 하지?"라고 물었다. 내 질문에 대해 아이들이 주고받은 대답 가운데 주목할 만한 내용을 여기에 옮긴다.

비올레트(9세) 동생이 잘못해서 야단치려고 할 때, 화를 참기 위해서 명상이 필요해. 나는 동생에게 화를 내기 전에 이렇게 생각해. '명상을 하고 나서 내가 하려는 행동을 깊이 생각해봐야지. 동생이 내 행동을 이해하지 못할 수도 있으니까.'

카스티유(9세) 나에게 스트레스를 주고, 나를 화나게 하는 것을 잊으려 할 때 명상이 큰 도움이 돼.

쟌(9세) 예를 들면 교실에 있을 때, 수업을 마치고 쉬는 시간이 되면 우리는 흥분해서 아주 소란스러워. 그사이에 잠깐 명상을 하면 시끄럽게 떠들지 않으면서도 긴장을 풀 수 있어. 이렇게 명상은 여러 상황에 대처하는 데 도움이 돼. 가끔은 아무 생각도 하지 않는 방법을 배우는 데도 명상이 유익해.

클라리스(10세) 화가 나서 참을 때 명상이 필요해. 명상을 하고 나면 거친 행동을 하지 않을 수 있어.

에두아르(9세) 나한테는 명상이 잠을 자는 데 도움이 돼. 사실 나는 명상하면서 잠을 자.

엑토르(9세) 가끔 복습하면서 동시에 다른 것을 생각할 때 명상을 하면 나를 진정시키면서 정신을 집중할 수 있어.

빅토리아(10세) 나한테도 명상이 정신을 집중하는 데 도움이 돼. 어떤 과목에 집중하기 위해서 나는 종종 명상을 해.

뤼실(9세) 명상은 감정을 다스리는 데 도움이 되고, 마음의 평안과 안정을 줘.

아르튀르(10세) 명상을 하면 복잡한 생각을 멈추고 정신을 집중하는 데

도움이 되고, 긴장이 풀리면서 다른 것에 지나치게 집착하
지 않을 수 있어.

코르시카섬의 작은 마을 브란도에 있는 공립초등학교 교사인 나
탈리 카스타는 집중력 훈련이 아이들에게 미치는 효과를 요약해서
설명했다.

명상은 몸과 마음에 안정을 주었습니다. 저는 매번 수업을 시작하기 전
에, 그리고 점심을 먹은 뒤나 쉬는 시간에 교실이 시끄럽고 아이들이
흥분했다고 생각될 때 함께 명상을 시도했습니다. 명상은 권위를 내세
워 야단치며 아이들에게 벌을 주는 것보다 훨씬 효과적으로 아이들을
안정시킬 수 있었습니다. 권위적인 방법을 통해 제가 아이들로부터 억
지로 얻는 안정은 자발적인 행동에 비해 효과가 적기 때문입니다. 자신
의 몸과 호흡에 주의를 집중하면서 진정한 마음의 안정을 얻을 수 있기
때문에 아이들은 명상을 좋아했습니다.

아이와 함께 철학 시작하기

몇 살부터 철학을
시작할 수 있을까?

몇 살부터 철학을 시작할 수 있을까? 내가 제기하는 이 질문에 대해 대부분의 철학자와 철학 교수는 '나이가 문제가 아니라 지적인 성숙도와 철학 개념에 대한 올바른 이해에 달려 있다'고 주장한다. 오래전에 아리스토텔레스는 "45세 이전에는 철학자가 되기 힘들다"고 단언했다. 하지만 정작 중요한 것은 연령의 문제가 아니라 '철학에 대해 어떻게 생각하는가'에 달려 있다고 봐야 한다. 철학하기 위한 전제로서 위대한 저자들의 작품을 읽고 정확히 이해하는 능력이 요구된다면, 난해한 책을 수용할 수 있기 전에 철학한다는 것은 사실상 매우 어렵다. 따라서 고등학교 졸업반에 가서야 비로소 철학을 시작하는 오늘날의 교육과정이 정당화된다. 그러나 우리는 이와 달리 소크라테스의 방법으로 철학을 생각할 수도 있을 것이다. 다시 말해 특정한 텍스트에서 출발하는 것이 아니라, 의미 있는 문제를 제기하면서 생각을 다듬어 점점 깊이 있는 사유를 요구하는 방식으로 철학을 생각할 수 있지 않을까? 이런 경우라면 어려운 지식이 아니라 생각하는 방법을 습득하는 것이 중요하며, 철학을 시작하기 위한 특별한 나이는 존재하지 않게 된다! 이것이 바로 몽테뉴가 《수상록》 26장에서 "아이들도 철학할 수 있다. 유모에게서 글을 읽거나 쓰는 것을 배우는 것보다 훨씬 쉽게 철학을 배울 수 있다"고 했던 말의 진정한 의미다. 《메노이케우스에게 보내는 편지》에서 다음과 같이 말하는 에피쿠로스의 생각도 이와 다르지 않다. "너나없이 어릴 때는 주저 없이 철학에 열중해야 되며, 나이가 들어서는 철학하는 데 지치지 말아야 한다. 영혼의 건강을 지키기 위해서는 너무 이르거나 늦은 나이가 있을 수 없기 때문이다." 이런 주장에서 출발할 때 우리는 어린아이들을 위한 철학교실의 유용성을 당당하게 주장할 수 있다. 고등학교 졸업반에서 종종 보는 것처럼 철학 수업을 통해 아이들에게 지식을 전하려 애쓰지 말아야 한다. 그보다 아이들이 개인적인 생각과 비평의식, 또한 특정한 신념과 사상을 넘어 자유롭게 추론할 수 있는 능력을 개발할 수 있도록 도와야 한다. 그리고 단체 학습에서 보듯이, 어린 나이부터 다른 사람들의 말을 경청하고 함께 대화하며 자신의 생각을 주장하는 방법을 배워야 한다.

아이들과 함께 철학교실을 운영하겠다고 마음먹었을 때 나는 유치원 3년 차프랑스 유치원은 3년 과정이다-옮긴이, 이를테면 4~5세부터 시작해서 초등학교 5학년CM2까지인 9~11세 아이들을 염두에 두었다프랑스 초등학교는 5년 과정으로 CP, CE1, CE2, CM1, CM2로 나뉜다. 이들을 앞으로 각각 초등학교 1, 2, 3, 4, 5학년 옆에 병행 표기한다-옮긴이. 그들과 함께 철학교실을 시작하면서 나는 어떤 사실에 깊은 감동을 받았다. 그것은 6~7세를 전후해서 아이들의 사유 능력에 급격한 변화가 있다는 것이다. 1차 세계대전과 2차 세계대전 사이에, 스위스의 인쇄른 학지이며 심리하자인 장 피아제Jean Piaget 는 아이들의 사유 능력 발전 과정에 대해 수많은 저서를 남겼다. 그는 이 나이를 "이성의 나이"라고 불렀다. 물론 피아제의 이론은 한 걸음 한 걸음 나아가는 지성의 선적線的 성장을 말하기 때문에 어떤 면에서는 비판받을 소지가 있다. 하지만 나는 유용한 그의 이론을 통해서 6~7세 이상의 아이들과 함께 철학교실을 운영하는 것이 훨씬 수월하다는 점을 확인할 수 있었다. 실제로 그 나이의 아이들은 이전에 비해 추상적으로 자신의 감정을 표현하는 능력이 크게 성장한다. 초등학교 이전의 유치원 아이들은 자신을 행복하게 하는 것에 대해 부모에게 사랑받거나, 친구들과 함께 마음껏 뛰어놀거나, 맛있는 아이스크림을 먹는 것 등 본능적이고 구체적인 예만 들 수 있지만, 초등학교 1~2학년CP-CE1인 6~7세가 되면 양상이 전혀 달라진다. 그때부터 아이들은 "행복은 우리들의 욕망을 실현하는 거야"라는 식으로 추상적인 생각을 표현할 수 있다. 그리고 욕망의 무한한 특성에 대해서도 깊이 있는 토론이 가능해진다. 욕망이라는 것이 결국은 우리를 불행하게 만들 수도 있지만!

탁월한 저서《행복한 어린 시절을 위하여: 뇌에 대한 최근의 발견에 따라 교육을 다시 생각하다Pour une enfance heureuse: repenser l'éducation à la lumière des dernières découvertes sur le cerveau》의 저자 카트린 게갱Catherine Gueguen 박사처럼, 우리는 5~7세 아이들에게서 발견되는 지적·신체적 특징에 주목한다. 그 나이 아이들의 뇌 성장에 관한 최근 연구는 우리가 미처 예상하지 못했던 새로운 사실을 밝혀주었는데, 바로 감정 조절과 인지능력에 필수적인 전두엽과 측두엽이 그 나이에 두드러지게 발달한다는 것이다. 따라서 6~7세가 되면 아이들은 감정을 조절하는 능력과 동시에 추상적인 생각을 더욱 분명하게 전개할 수 있는 능력을 갖추게 된다. 이런 점에서 볼 때 피아제의 "이성의 나이"라는 표현은 매우 적합하다. 요컨대, 그때부터 아이들은 감정적인 행동보다 이성적이며 추상적인 문제 제기에 더욱 능숙해진다.

수년 전부터 유치원에서 아이들과 함께 철학교실을 진행했던 일부 교육자는 4~5세 아이들도 종종 깊이 있는 사유를 할 수 있다며 나의 의견에 반론을 제기했다. 실제로 교육 현장에서 아이들을 대해보면 그들의 반론을 섣불리 부인할 수 없다. 3세부터 5세의 아이들이 신, 삶과 죽음의 의미 등에 대해 깊이 생각하면서 종종 형이상학적인 문제를 제기하기 때문이다. 그러나 그 나이의 아이들이 실존적인 문제에 대한 답을 얻기 위해 반드시 필요한 문제 제기에 이르지는 못한다는 것은 분명한 사실이다. 덧붙여 말하면 아이들이 속해 있는 사회적·정서적 환경이 뇌 성장에 도움을 주거나, 반대로 심각하게 해를 끼치는 경우가 있다. 그리고 각각의 교실에서 우리는 다른 아이들에 비해 유난히 지적으로 성숙한 아이들을 발견한다. 결론적으로, 어린아이들이 가끔은 세네카나 공자의 책에서 인용하고 성찰했다고 생각될 정도로 전혀 예상치 못했던 '진주' 느께와 닮은 말이끼는 이미-울리끼를 던지는 경우가 있다. 그러나 대부분의 경우에 아이는 자기가 했던 말의 의미를 설명하지 못하는가 하면, 다음 수업 시간에 다시 물어봤을 때 지난번에 했던 말을 다시 반복하지 못한다. 내 경험에서 얻은 사실은, 일반적으로 나이가 많은 아이가 어린아이에 비해 자신의 생각을 보다 논리적으로 설명할 줄 알고, 시간이 지난 다음에도 생각을 다듬어서 다시 설명할 줄 안다는 것이다.

그렇다면 유치원 아이들과 함께 철학교실을 할 수 없는 것인가? 절대로 그렇지 않다! 다만 우리는 철학교실을 시작하는 순간부터 아이들이 논리적으로 자기 생각을 설명하리라고 기대하지 말아야 한다. 결국 시간이 가장 소중한 '으뜸 패'다. 이를 위해 나는 〈그것은 시작일 뿐이다. 유치원 교실. 오늘 아침 철학교실!Ce n'est qu'un début. Classe de maternelle. Ce matin, atelier de philosophie!〉이라는 제목의 멋진 영상 자료를 추천한다. 영상 제작자들은 메쉬르센에 있는 자크프레베르

학교 유치원의 한 학급에서 철학교실을 이끌었던 여교사를 2년 동안 추적했다. 감동과 시상이 풍부한 이 영상은 철학교실을 진행한 학급 아이들의 점진적인 성장, 이를테면 사랑, 감동, 타인에 대한 존중 등 여러 중요한 주제에 대한 공통적인 사유의 뚜렷한 향상을 보여주었다.

유치원 철학교실의 또 다른 유익이 있다. 어린아이들이지만, 서로의 말을 경청하는 태도를 배우며, 적극적으로 자신의 의견을 전달하고 서로 생각을 교환하는 방법을 알게 된다는 것이다. 제네바의 라 데쿠베르트 학교에서 처음 유치원 철학교실을 시작할 때부터 나는 이런 유형의 토론을 시도했고, 교사들과 함께 유치원 아이들이 토론의 규칙을 잘 적용하고 있다는 사실에 주목했다. 아이들은 각각 자신의 의견을 자유롭게 제시하고, 다른 아이들의 의견을 주의 깊게 경청하며, 긍정이든 부정이든 자신의 의견을 적절히 표현하고 있었다.

프레데릭   너희는 선생님들과 함께 철학 수업을 한 적이 있니?

아이들   네.

프레데릭   그러면 너희는 철학이 무엇인지 알고 있겠구나?

아이들   네.

프레데릭   철학이 무엇인지 누가 말해볼래?

윌프레드   우리가 말할 때 머릿속에서 생각하는 거예요.

뤼시   특별한 주제에 대해서 말하는 거예요.

엠마   토론하는 거예요.

프레데릭 그러면, 너희는 모든 것에 대해서 토론하니?

엠마   아니요!

프레데릭 그렇다면 무엇에 대해서 토론하지?

엠마   한 가지에 대해서요.

프레데릭 '철학이란 어떤 한 가지 주제에 내해서 도론하는 것이다',
        그런 말이니?

여러 아이 네. 한 가지 주제요. 어떤 때는 분노에 대해서, 또는 다른 것
        에 대해서 집중해서 말하는 거예요.

프레데릭 너희가 토론할 때 모든 사람이 동시에 말하니?

아이들   아니요. 말을 하고 싶은 사람은 손을 들어요. 손을 든 아이
        들 중에서 선생님이 한 아이에게 발언권을 주면 그 아이가
        말해요.

프레데릭 다른 아이가 말할 때 너희는 그 아이가 하는 말을 주의 깊게
        듣니?

아이들   네. 말하는 사람을 열심히 쳐다봐요.

어떤 아이 저는, 저랑 생각이 같으면 그 아이를 쳐다보게 돼요.

프레데릭 그 아이에게 동의하지 않으면?

어떤 아이 저는 쳐다보지 않아요.

다른 아이 그런 아이들은 쳐다보지 않아요.

프레데릭	너희는 다른 아이가 하는 말을 주의 깊게 듣고 나서, 그 아이가 하는 말이 옳으면 너희 생각을 바꾸기도 하니?
아이들	네.
프레데릭	너희는 항상 다른 사람들과 생각이 같으니?
어떤 아이	아니요.
여러 아이	가끔은 같아.
사미	맞아, 가끔은 같아.

'아이와 함께 철학하기'와
바람직한 장소

1970년대에 '아이와 함께 철학하기' 방법론을 최초로 정립한 교육자는 미국 철학자 매슈 리프먼이다. 리프먼의 생각은 무엇보다 먼저 '공동체'를 만드는 것이다. 그는 공동체에 속한 아이들이 철학 텍스트를 중심으로 질문을 제기하면서 대상에 대해 깊이 성찰하게 하는 데 중점을 두었다. 이런 목적으로 리프먼은 토론의 기초가 되는 수십 편의 철학소설을 지었다. 아이들은 자신의 수준에 맞는 텍스트에서 중요한 구절을 발췌해서 합창하듯이 큰 소리로 먼저 읽는다. 이어서 텍스트로부터 다양한 질문을 수집하고 정리한 다음에, 인도자가 있는 앞에서 자유롭게 토론한다. 여기서 중요한 것은 인도자의 역할이다. 인도자는 자신의 지식을 일방적으로 전달하는 것이 아니라, 아이들 스스로 깊이 생각하여 공동체적 관점에서 토론을 전개할 수 있도록 아이들을 도와야 한다. 2010년에 세상을 떠난 리프먼의 작업은 l'IAPC아동철학연구소를 통해서 지속적으로 발전되었으며, 그의 방식은 라발 대학교의 연구원들에 의해서 캐나다 퀘벡에 전수되었다. 이를 전수한 연구원 가운데 미셸 사스빌은 리프먼의 기존 방식을 잘 다듬어서 프랑스어를 사용하는 여러 학교에서 가르쳤다.

'아이와 함께 철학하기'는 15년 전부터 프랑스에서 다양한 방식으로 발전했다. 하지만 대부분의 프랑스 교육자는 리프먼의 일방적인 텍스트와 일정한 거리를 두었다. 그들 가운데 상당수는 리프먼 대신 다른 텍스트, 예를 들면 아동문학에서 유래한 텍스트를 읽으면서 철학교실을 인도할 것을 권장했다. 정신분석학자 자크 레빈Jacques Levine과 여교사 아네스 포타르Agnès Pautard가 1996년에 설립한 AGSAS정신분석과 교육을 통한 연구·후원 협회—옮긴이 철학교실에서 채택한 방식을 살펴보자. 아네스 포타르는 하나의 단어, 예를 들면 '인도자'라는 단어가 제시하는 특정한 주제에서 출발해서, 아이들이 자기가 맡은 역할에 따라 '발언 막대기'를 주고받으며 교사가 지켜보는 앞에서 자유롭게 토론할 수 있는 분위기를 조성했다. 다음으로 1998년 프랑스 몽펠리에 대학교에 연구소를 개설한 미셸 토치Michel Tozzi의 방식이 있다. 처음에 알랭 델솔Alain Delsol과 실뱅 코냑Sylvain Connac에서 출발한 이 방식은, 장샤를 페티에Jean-Charles Pettier에 의해 크레테유의 IUFM프랑스의 교원 양성 대학—옮긴이에서 체계적으로 발전했다. 또한 장샤를 페티에는 〈폼다피Pomme d'Api〉3~7세 어린이용 잡지-옮긴이에 주목할 만한 자료를 게재하면서 대중의 관심을 끌었다. 매우 공들여 만들어진 이 방식은 두 가지 중요한 요소를 결합한다. 하나는 의장, 개혁가, 토론자, 관찰자 등으로 아이들 각자에게 역할을 분담시켜 민주적인 토론의 틀을 만드는 것이다. 다른 하나는 교사 또는 인도자가 중심적인 기능을 맡아 개념의 정의와 차이 등 아이들에게 도움이 필요한 영역에 부분적으로 개입하면서 철학교실의 활력을 부추기는 것이다. 마침내 오스카 브렌피에Öscar Brenifier가 이 방식을 채택했으며, 여기에 소크라테스 문답법에서 얻은 새로운 영감이 더해져 IPP철학실천연구소와 이자벨 미용-Isabelle Millon에게 전수되었다. 특히 이자벨 미용은 학교, 매스미디어 자료관, 교도소 등 공적인 장소에서 철학적인 사유를 적용하는 데 역점을 두었다.

이런 방식들의 주된 목적은, 아이들이 자신의 개인적인 생각을 발전시킬 수 있도록 돕고, 다른 아이들과 자유롭게 토론하는 방법을 배우게 하는 것이다. AGSAS를 비롯해서 일부 철학교실에서는 아이들에게 자신이 사유의 근원이라는 가치를 일깨워주는 데 비중을 두었다. 반면에 토치의 방식은 아이들 사이에서 민주적인 토론의 특별한 가치를 일깨운다. 여기에서 교사의 역할은 각 철학교실이 시행하는 토론 방법에 따라 다르다. 그리고 대상 범위의 유연성이나 엄격함, 주안점 역시 각 교실에서 시행하는 방법에 따라 다르다. 예를 들면 매슈 리프먼은 자신이 지은 소설을 철학교실의 교재로 제안하고, 자크 레빈은 특정한 단어에서 출발하며, 미셸 토치는 플라톤 철학의 신비를 주로 선호한다. 에드위주 시루테Edwige Chirouter 는 '이야기'에서 시작한다. 낭트 대학의 젊은 조교수이며, 15년 전 부터 미셸 토치의 지도를 받아 박사학위 논문 심사를 받고 교육학 박사가 된 에드위주 시루테는 미셸 토치에게 지대한 영향을 받았 다. 장 자크 루소 전문가인 그녀는 철학과 문학의 상호 관계에 특 히 관심을 가졌다. 그녀는 유네스코로부터 '아이들을 위한 철학교 실'을 개설하고 발전시키는 임무를 부여받아 세계 곳곳에서 이곳 의 발기를 통괄하고 있다(공식적으로 2016년 11월 18일에 파리에 있는 유네 스코 본부에 개설되었다). 멋진 일이 아닐 수 없다!

철학교실의 기본적인 규칙과 10가지 제안

다양성은 분명히 풍부함이며, 나는 하나의 방식이 다른 방식보다 우월하다고 주장하는 것은 의미가 없다고 생각한다. 아이들과 함께 철학교실을 시작했을 때 나는 주제에 대해 사전에 어떤 것도 제시하지 않았지만, 전혀 문제가 되지 않았다. 도리어 그로 인해 선입견이 배제되어 아이들은 제시되는 문제에 대해 순수한 시각을 지닐 수 있었다. 직관과 아이들의 반응에 기초한 내 느낌을 따라가면서 자연스럽게 토론을 이끌었다. 말하자면 일종의 소크라테스 산파술을 썼다. 처음에 의도적으로 간단한 질문들을 던져, 아이들이 스스로 문제 제기를 하면서 자기 말의 모순과 뉘앙스, 나아가 분명한 의미를 찾을 수 있도록 자연스럽게 유도한 것이다.

다음 장에서는 행복, 감정, 삶의 의미, 타인에 대한 존중 등에 관한 열 가지 질문의 예가 제시된다. 그전에 여기서 내가 아이들과 함께 철학교실을 진행한 경험을 토대로 열 가지 제안을 하겠다. 이 제안들은 아이들의 토론에 반드시 필요한 규칙이기에 철학교실 인도자들에게도 유용할 것이다.

첫 번째 제안

아이들 사이에 적극적으로 토론하는 분위기가
이루어질 수 있도록 토론 장소를 정돈하라.

아이들이 서로 얼굴을 마주 보며 자유로운 대화를 주고받기 위해서는 둥글게 앉는 것이 좋다. 그렇게 하면 아이들은 말을 하는 동안 서로를 바라볼 수 있다. 이런 자리 배치는 교사가 관습적인 자리가 아니라 원 안에 위치하면서, 아이들과 동등한 수준에서 일체감을 느끼게 하는 장점도 있다. 아이들이 만든 둥근 원 안에서 교사는 아이들을 마주 보며 자신의 지식을 전달할 수 있다. 물론 어떤 교실의 경우는 책상을 옮길 수 없는 구조라서 이런 배치가 불가능할 수 있다. 그래도 철학교실을 원만하게 진행할 수 있지만, 교사는 아이들에게 철학교실은 기존의 전통적인 수업에서 교사가 일방적으로 이끌던 분위기와 분명히 다르다는 것을 설명해주어야 하며, 아이들이 토론할 때 서로 쳐다볼 수 있도록 배려해야 한다.

철학에 대한 아이들의 의견을 물어라.

철학에 대해서 말할 때 아이들이 머릿속에 담고 있는 생각이 무
엇인지 아는 것이 매우 중요하다. 첫 시간부터 아이들에게 철학에
관한 아주 간단한 질문을 할 수 있다. 예를 들면, "너희는 철학이
무엇인지 알고 있니? 무엇 때문에 철학이 필요할까?"처럼 간단한
질문을. 이 질문에 대한 아이들의 답변 몇 가지를 인용한다.

루이(8세)　　곰곰이 생각하는 거예요.

니농(9세)　　어떻게 하면 인생을 더 잘 살 수 있는지 깊이 생각하는 게
　　　　　　철학이에요.

고셰(8세)　　사는 방법을 바르게 배우는 거라고 생각해요.

루이즈(9세)　깊이 생각하게 만드는 거예요.

아담(9세)　　세상을 더 낫게 만들기 위해서 고민하는 거예요.

이노아(10세) 인생의 의미에 대해서 깊이 생각하는 게 아닐까요?

엘리아(9세) 사실은 서로 다른 생각이 아닌 경우에도 많은 사람이 자신
　　　　　　의 생각을 말하면서 서로가 하는 말을 들어요.

조스린(10세) 자기 생각을 다른 사람들 생각에 맞추는 거예요.

쥘리앵(7세) 행복에 대해서 말하는 거라고 생각해요.

알리스(9세) 의견을 나누면서 사실은 삶을 함께 나누는 게 철학이에요.

그러니까. 매일 삶을 사는 게 철학하는 거예요.

아딜(9세)   모든 것에 대해서 서로 질문을 주고받는 거예요.

아이들에게 철학교실의 규칙을 설명하라.

철학교실을 시작할 때 아이들에게 철학교실이

무엇에 관한 것인지 설명하고, 규칙을 제시해준다.

철학교실을 할 때 우리는 교사가 지식을 전하고 아이들은 지식을 배우는 전통적인 교실에 있는 것이 아니다. 철학교실에서는 아이들이 자신의 의견을 자유롭게 표현할 수 있어야 한다. 인도자는 아이들을 판단하거나 아이들의 지식을 평가하기 위해서 그 자리에 있는 것이 아니다. 함께 있으면서 아이들이 스스로 생각을 정리하고, 서로 대화할 수 있도록 돕기 위해서 그 자리에 있는 것이다.

- 제시한 질문에 대답하고 싶은 사람은 손을 들어야 한다. 발언권을 부여하는 사람은 인도자다.
- 가능하면 이미 나온 말을 다시 하는 것은 피해야 한다. '공동의 사유'라는 하나의 건물에 돌이 하나 놓였다면 거기에 다른 돌을 새로 얹을 필요는 없다. 이미 나온 말과는 다른 새로운

무엇, 예를 들면 이전의 발언자와 불일치하는 생각을 강조해야 한다.

- 다른 사람들이 말하는 것을 주의 깊게 들어야 하며, 놀리거나 섣부른 판단을 자제해야 한다.
- 다른 사람의 생각에 동의하지 않을 때 자기에게 발언권이 주어지면, 그 사람을 바라보면서 '나는 네 생각에 동의하지 않아. 왜냐하면……'이라고 동의하지 않는 이유를 설명한다.
- 자기 의견을 논리적으로 만들도록 노력해야 한다. 다른 사람의 의견에 대해 '네', '아니요'처럼 일방적인 답변이나 논거가 없는 주장은 피해야 한다.

토론을 이끄는 첫머리를 잘 선택하라.

앞에서 말했던 것처럼 서두는 다양하다. 한 명, 또는 다수의 아이가 읽었던 텍스트를 선택할 수 있으며, 아이들이 토론에서 철학적인 문제를 산출하도록 도와주어야 한다. 문제를 제시하고 아이들이 그 문제에 어떻게 반응하는지 눈여겨보아야 한다. 예를 들면 '사랑', '자유', '정의' 같은 단어를 제시한다. 또한 이해를 돕기 위해서 단어가 아닌 유용한 문장을 인용할 수 있다. 여기 두 가지 인용문이 있는데, 나는 그것들을 제시하면서 하나는 행복에 대한, 다른 하나는 사랑에 대한 주제로 철학교실을 시작했다. "그가 떠나면서 남긴 소리를 들으면서 나는 그것이 행복이라는 것을 알 수 있었다"(자크 프레베르)와 "알면 알수록 더욱 사랑하게 된다"(레오나르도 다 빈치)라는 인용문들이다. 물론 텍스트뿐 아니라 포스터, 그림, 영화에서 발췌한 영상도 철학적인 문제 제기에 도움을 줄 수 있다. 내가 자주 사용하는 문장을 예로 들자면 '성공이란 무엇인가?', '권위는 정당한가?', '친구란 무엇인가?' 같은 질문으로 철학교실을 시작할 수 있을 것이다.

다섯 번째 제안

**가능하면 자신의 개인적인 관점이나 주장을
앞서 전하려 하지 말고, 아이들이 스스로 문제를
제기할 수 있도록 개념을 먼저 설명해주어라.**

인도자가 중립적인 자리에 있는 것은 사실 매우 어렵다. 종종 아이들은 자기가 말하기 전에 다른 사람들은 어떻게 생각하는지 알고 싶어 한다. 자기 생각이 혹시 틀리지 않을까, 또는 다른 아이들과 다르지 않을까 내심 걱정하기 때문이다. 아이들이 자기 생각을 표현하다가 실수했을 때 인도자는 섣불리 부정적인 판단을 하지 말아야 한다. 종종 있을 수 있는 일로 받아들이고, 아이들의 대답이 주제에서 벗어났을 때 도리어 친절하게 바로잡아주는 것이 바람직하다. 오래전에 나는 질문에서 완전히 벗어난 대답을 한 어떤 소녀를 별생각 없이 가볍게 놀린 적이 있다. 갑자기 소녀의 얼굴이 붉어지더니 교실에서 나가겠다고 소리쳤다. 나는 몹시 난처했다. 소녀를 오랫동안 달래주면서, 놀림받았다고 느낀 데 대해 진심으로 사과했다.

인도자는 선택한 주제에 대해서 일반적으로 자신이 의견을 먼저 제시하지 않는 것이 중요하며, 토론하는 동안 아이들에게 개념에 대해 정확하게 설명해주는 것이 유익하다. 예를 들면, 감정에 관한 주제를 다루는 철학교실에서 일시적인 감정(충격 같은 것)과 지속적인 감정(오래 지속되는 사랑)의 차이를 아이들이 모를 수 있다. 그럴 때 인도자는 아이들이 그 두 감정을 구별할 수 있도록 개념을 자세히 설명할 수 있을 것이다. 이런 설명을 통해 아이들은 자신이 품은 생각을 보다 분명하게 말로 표현할 수 있다. 아이들은 언어적 · 개념적 지식이 충분하지 않기 때문에 자신들의 생각을 정확하게 설명할 수 없는 경우가 많다. 가끔은 재미있는 철학사를 간단히 설명해주는 것도 아이들이 철학을 이해하는 데 도움이 된다.

의도적으로 토론을 이끌지 말고
아이들의 구체적인 대답을 기다리며
자율적인 토론이 되게 하라.

　토론을 제대로 이끌기 위해서 인도자는 제시될 질문에 대해 미리 생각을 정리해야 한다. 어려운 질문 때문에 아이들이 앞으로 나가지 못할 때, 인도자는 적절한 인용문을 주거나 질문을 달리 제시해야 한다. 그러나 토론은 아이들의 대답과 함께 진행되어야 한다. 인도자의 주된 역할은 아이들에게 동기를 부여하면서 토론 분위기를 북돋아주는 것이다. 어떤 아이가 토론 주제를 깊이 다룰 수 있는 의미 있는 말을 하거나, 아이들 사이에서 많은 의견이 제시되면서 논쟁이 일어날 때 더욱 그래야 한다.

　'성공한 삶이란 무엇인가?'라는 주제에 대해서 초등학교 2학년CE1 아이들과 함께 토론할 때 어떤 아이가 이렇게 대답했다. "가능하면 오래 사는 거예요." 그 대답을 듣고 나는 다른 아이들에게 물었다. "너희 생각도 같아?" 하지만 그 아이의 생각에 동의하지 않는 수많은 아이가 손을 들었다. 행복에 관한 주제를 다룬 다른 교실에서는 초등학교 4학년CM1 아이가 이렇게 말했다. "행복이란 많은 것을 소유하는 거예요." 나는 이 대답을 듣고 아이들의 토론을 부추겼고, 실제로 아이들 사이에 동의와 반대가 빗발치며 매우 활발한 토론이 이루어졌다.

**지엽적인 문제에서 벗어나지 못할 때는
토론의 흐름을 다시 주제에 집중시켜라.**

토론이 지엽적인 내용에 치우쳐도 지나치게 걱정할 필요가 없다. 때로는 그런 상황이 오히려 아이들의 흥미를 유발하는 경우가 많다. 어떤 아이가 자신이 겪었던 구체적인 사례를 말하자 다른 아이들 역시 그 일의 증인이 되어 자신의 경험을 말하게 되는 경우가 그렇다. 언젠가 아이들과 함께 감정에 대해서 말한 적이 있다. 한 아이가 자신이 겪었던 두려움을 예로 들었다. 그러자 다른 아이들도 자신이 두려움을 느꼈던 순간에 대해서 말하고 싶어 했다! 두려움으로 수업 시간을 전부 사용하게 될 것 같아서 나는 아이들이 원래 제시된 질문으로 돌아오는 것이 좋겠다고 생각했다. 아이들에게 다른 질문을 제시하면서 본래의 주제로 토론을 돌이켰다. "슬픔이나 분노처럼 두려움 역시 부정적인 감정으로 생각할 수 있을까?" 이 질문을 제시하면서 토론은 감정이라는 본래의 주제로 다시 돌아올 수 있었다.

말하지 않는 아이에게 의도적으로 발언권을 주어라.

교실마다 자기가 발언하기 위해서 매번 빠짐없이 손을 드는 아이들이 있기 마련이다. 그런 아이들이 토론에 활기를 불어넣는 것은 다행한 일이다. 하지만 그런 아이들은 잘못된 발언을 할까 봐 두려워하는 아이들의 기회를 가로막기도 한다. 수업 시간이 15분쯤 지나면 그때까지 한 번도 발언하지 않았던 아이들에게 그날의 주제에 대해 물으면서 토론에 참여시킬 필요가 있다. 그러면 수줍음이 많은 아이들 가운데 주관이 뚜렷한 생각과 정확한 판단을 가진 아이를 발견할 수 있다.

다양한 대답을 통합해서 하나의 주제로 재구성하라.

토론이 활발해지면서 예상하지 않았던 방향으로 토론이 진행될 때 인도자는 이미 나왔던 말을 정리하는 것이 중요하다. 인도자가 토론의 본질을 일관되게 재구성해주면 아이들은 그때까지 토론했던 내용을 잘 기억하면서, 이미 말했던 것에서 벗어나 보다 건설적인 토론을 재개한다. 또한 철학교실을 하는 동안 나온 발언들을 칠판에 적어놓으면, 지나친 반복을 피할 수 있을 것이다. 이처럼 다양한 방법을 사용하면 기억에 도움이 된다. 나는 어떤 아이에게 우리가 함께 토론하는 내용을 칠판에 적으라고 한 적이 있다. 그러자 '인생의 의미'에 대한 본격적인 토론이 깊어지기 전에 '행복한 것', '다른 사람들에게 선을 행하는 것', '원하는 것을 하는 것', '사랑하는 것', '올바르게 행동하는 것' 등과 같은 다양한 대답이 칠판에 기록되었다.

열 번째 제안
내용을 기록하고 간직하라.

철학교실을 진행하면서, 나는 대부분의 아이가 지난 수업에서 다루었던 중요한 개념들의 차이를 곧 잊어버린다는 사실을 깨달았다! 언어적·개념적 도움이 없어도 철학교실은 그 자체로 유익하지만, 아이들이 거기서 습득했던 용어와 생각을 지속적으로 유지하지 못하는 것은 유감이다.

그런 이유로 나는 '철학 노트'라고 이름 붙인 작은 수첩을 아이들에게 나누어주었다. 인도자는 철학교실이 끝나면 아이들에게 그날 특별히 영향을 끼친 생각이나 배운 단어를 5분 동안 철학 노트에 기록하라고 요청할 수 있을 것이다. 아이들은 자신의 머리에 떠오른 생각, 예를 들어 철학교실 바깥에서 다룬 주제도 거기에 기록할 수 있을 것이다.

아이와 교사의
경험담

교사들은 한 달 간격으로 최소한 서너 번에 걸쳐 자신의 철학교실 경험담을 정기적으로 나에게 들려주었다. 여기에 일일이 열거할 수 없기 때문에 그중 하나만 소개한다. 파리에 있는 페늘롱 사립 초등학교 여교사 카트린 우젤의 흥미로운 이야기다.

초등학교 4학년CM1 아이들이 겪은 경험은 특별했습니다. 그 강렬한 순간들을 전부 기록할 수는 없지만, 아이들이 철학교실을 통해 몰라보게 성장하는 모습을 보았던 아름다운 기억은 오랫동안 가슴에 간직될 것 같습니다. 감정을 이해하는 방법을 배우고, 그것을 통제하는 방법을 알기 전에 자신이 느꼈던 감정에 알맞은 이름을 붙이는 시도가 아이들에게 무척 어려운 것 같았습니다. 감정이라는 주제로 토론을 지속하는 것과, 감정을 뒤섞지 않고 서로 구별하기 시작하는 것은 전혀 다른 문제입니다. 그럼에도 아이들은 예상과 달리 인도자의 요구에 제법 부응했습니다. 철학교실은 하나의 질문에서 출발했고, 아이들이 그 질문에 대답하면서 서로 진지한 의사 교환이 이루어졌습니다. 토론하고 청취하는 아이들의 태도와 열정은 놀라웠습니다. 아이들의 발언이 쏟아졌고, 깊은 사색이 이어졌으며, 다양한 의견이 분출되었습니다. 아이들 각자 자신만의 특별한 생각이 있었으며, 다른 아이의 말을 주의 깊게 들으면서 자신의 선입견을 드러내지 않고 자기 생각을 적절히 표현할 줄 알았습니다. 토론은 제대로 방향을 잡았고, 주제와 어김없이 일치하는 발언이 이어지면서 개인적인 동시에 전체적인 사색의 장으로 발전했습니다.

아이들이 철학교실에서 보여준 사유의 깊이와 성숙은 저를 놀라게 했습니다. 아이들은 자신의 의견을 지지하는 구체적인 예를 제시했습니다. 아이들은 자신의 생각을 거침없이 표현했고, 적절히 설명했으며, 나름대로 논거를 제시했고, 흥미로운 반응을 나타냈습니다. 아이들의 적극적인 참여와 함께 토론은 점점 열기를 띠면서 앞으로 나아갔습니다. 토론은 활기가 넘쳤고, 생기가 있었습니다. 흥미롭고 때로는 놀라웠지만 항상 풍요로웠습니다. 저는 대상을 바라보는 아이들의 관점이 서서히 변화하는 것을 느꼈습니다. 철학은 공동체적 틀 안에서 이루어진다는 것, 토론이란 자신의 개인적인 생각은 물론 다른 사람들의 말과 생각으로 이루어진다는 것을 아이들은 생생하게 경험했습니다.

아이들은 함께 생각하는 것을 배우면서 아주 즐거워했습니다.

저는 평소 교실에서의 아이들 모습과 철학교실에서의 아이들 모습이 매우 다르다는 사실을 깨달았습니다. 아주 조심스럽게 행동하던 아이들이 뜻밖에도 철학교실에서는 활기가 넘쳤고, 다른 아이들에 대한 깊은 배려와 관심으로 저를 감동시켰습니다! 아이들은 각자 개성에 따라 자기 방식으로 철학교실에 참여했습니다. 철학교실이 시작된 지 몇 주가 지나자, 자신의 생각을 상황에 알맞은 말로 전달하는 아이들의 능력이 눈에 띄게 향상되었습니다

그들은 제 곁에서, 또는 가족들 앞에서 이런 경험을 하는 것이 특별한 행운이라고 말했습니다. 또한 학기가 끝나면 자기들이 "멋진 철학 소년"이라고 불렸다는 것에 대단한 긍지를 가졌습니다. 저는 철학교실의 종강이 가까워질수록 아이들이 몹시 실망하는 모습을 보았으며, 아이들 가운데 상당수는 프레데릭 르누아르 선생님에게 다음 학년인 초등학교 5학년CM2 때도 다시 와달라고 요청하자고 했습니다.

저는 아이들의 바람에 마음으로 함께할 뿐이며 우리가 그 아이들, 그리고 다른 아이들과 함께 앞으로도 이런 경험을 계속할 수 있기를 바랍니다.

최근에 철학교실에 관한 다른 경험담이 파리에 있는 초등학교 4학년CM1 교실에서 나왔다. 그 아이들은 "철학교실이 너희에게 무엇을 가져다주었다고 생각하니?"라는 나의 질문에 이렇게 대답했다.

랑슬로(10세)　다른 아이들이 하는 말을 들으면서 우리가 이전과 다르게 생각할 수 있다는 거요.

아르튀르(10세)　우리의 반응과 감정을 잘 이해할 수 있게 되었고, 그것을 통제하는 방법을 이전보다 잘 이해할 수 있어요.

가스파르(9세)　철학은 우리에게 교양과 지식을 가져다줘요.

비올레트(9세)　우리가 철학교실에서 함께 공부했던 질문들을 이전에 한 번도 생각해본 적이 없었는데, 지금은 그것에 대해서 깊이 생각할 수 있어서 좋아요.

마지막으로 선정된 것은 페즈나라는 소도시의 시장인 알랭 보젤생제르의 경험담이다. 페즈나 시의 교육 발전을 위해서 '자신을 아는 것 그리고 함께 사는 삶'이라는 철학 교육 프로그램에 몰두했던 그는 자크프레베르 공립초등학교에 철학교실 개설을 제안했다. 알랭 보젤생제르는 이 학교의 두 학급에서 진행되었던 철학교실에 거의 빠짐없이 참석했다.

삶의 여정은 우리를 위해 프레데릭 르누아르를 몰리에르와 보비 라푸앵트 페즈나 출신의 극작가와 가수-옮긴이의 발걸음 위로 이끌었고, 자크프레베르 초등학교까지 데려왔다. 그리고 페즈나의 어린이와 교사, 그리고 이 도시 사람 모두에게 행복을 안겨주었다. 명상을 통해 아이들에게 숨결을 느끼게 하고, 정신을 집중하게 하며, 분별을 배울 수 있게 한 것이다!

아이들에게 진실을 배우고 느끼고 손가락으로 만져보게 하면서, 자유롭게 말할 수 있는 매우 간단한 수단을 그들에게 알려주었다. 아이들에게 익숙했던 제도, 이를테면 일방적인 명령과 '해야 한다', '너는 반드시'에서 벗어나서 아이들의 자발적인 의식을 일깨우고 가슴을 활짝 열어준 것이다.

그것은 본질적으로 '모험'이다! 교사들이 아이들의 교육에 명상과 철학을 적용한 것은 분명 대단한 용기다. 아이들은 잘 다져진 오솔길, '교사-학생'이라는 고전적인 관계의 안전하고 일상적인 틀을 벗어나 새로운 길에 노출되었다.

얼마나 소중한 숨결인가! 아이들은 자발적으로 자신의 의사를 표현하고, 때로는 아름다운 지혜의 진주를 꺼냈다. 그들은 친구의 말을 논평하고 보충하면서 소통하는 방법을 배울 수 있었다. 아이들의 자발성, 진지함, 다른 사람에 대한 배려와 존중은 삶의 활력을 되찾아주었다.

불과 여섯 살의 어린 소녀가 처음부터 토론에 적극 참여하여 나에게 강한 인상을 남겼다. "힘든 순간에도 행복을 느낄 수 있을까?"라는 질문에 소녀는 잠깐의 망설임도 없이 "네"라고 대답했다. 철학교실을 마치면서 나는 소녀의 교사와 함께 이야기를 나눴다. "그 아이는 심한 천식 발작을 하는 동안에도 결코 미소를 잃지 않아요." 교사가 나에게 이렇게 말했다. 이것이야말로 에피쿠로스가 말했던 '진정한 미소'가 아닌가.

두 번째 학기 초에 유일하게 철학교실을 참관한 한 학생의 어머니는 자기 딸이 너무 수줍어한다고 걱정했다. 하지만 어머니가 자리를 뜨자 소녀는 금세 활기를 되찾았고, 아이들과 더불어 말을 잘할 뿐만 아니라 매우 활달했다! 소녀는 자유분방했다.

프레데릭은 표현과 소통의 촉매로서 소중한 역할을 톡톡히 감당했다. 그는 아이들이 힘껏 치켜든 손을 바라보며 능숙하게 발언권을 주었다. 아주 빨리, 그 철학자는 명상을 배우는 아이들의 기대를 모았다.

페즈나에서 우리는 이 아이들과 함께 더 멀리 나아갈 것이다. 분명히 다음 학기에도 매우 놀라운 영감을 주는, 멋진 철학교실이 될 것이다!

PHILOSOPHER ET MÉDITER AVEC LES ENFANTS

아무도
틀리지 않는
철학교실

◉

앞에서 말한 열 가지 제안이 자칫 추상적으로 들릴 수 있다. 그래서 토론의 변화 과정, 중요한 순간, 종종 맞닥뜨렸던 난관 등 철학교실의 구체적인 상황들을 보여주기 위해, 내가 인도했던 철학교실에서 나온 발언들을 발췌해서 예문으로 제시하고자 한다. 주제별로 일목요연하게 정리된 내용으로, 각각의 주제는 한 교실에서 또는 여러 교실에서 다룬 것이다. 이를 통해 철학교실 인도자들은 철학교실 운영에 도움을 받을 수 있을 것이다. 토론 과정에서 나온 아이들의 질문과 의견을 보면서, 제시된 주제에서 벗어나지 않고 일관성 있게 토론을 진행하는 데 필요한 실질적인 영감을 얻을 수 있을 것이다.

  이 내용은 사전에 정해진 방법론이나 교본에 기반한 것이 아니라 철학교실 현장에서 수집된 실재 대화라는 점에서 특별한 의미와 가치가 있다. 인도자들은 주어진 상황에 따라 아이들이 발언을 주고받기에 유용한 순환적 방법을 적용할 수 있을 것이다. 지나치게 긴 발언은 줄여서 간단하게 제시했다. 각 교실마다 두세 명의 아이가 질문에 정확하게 답하거나 연관된 질문을 제기하면서, 철학교실이 뚜렷이 발전하는 모습을 볼 수 있을 것이다. 교사는 발언하는 아이에게 집중하되, 그 발언을 다른 아이들은 어떻게 생각하는지 수시로 묻는다. 가능하면 많은 아이를 공동의 성찰에 적극적으로 참여시키는 중재가 필요하다.

모든 철학교실 진행 과정이 빠짐없이 녹음되었으며 일부는 영상으로 녹화되었다. 나는 아이들의 한마디 한마디를 주의 깊게 옮겨 적었다. 표준어로 기록하기 위해서 일부는 수정했지만, 가능하면 원래 표현을 그대로 유지하고자 했다. 철학교실을 시작할 때마다 아이들에게 발언하거나 대답하기 전에 먼저 이름을 밝히라고 일렀다. 그러나 가끔 이름을 말하지 않고 서둘러 발언하는 아이들이 있었고, 어떤 아이의 이름은 잘 들리지 않았다. 그런 경우에 나는 그 아이의 이름을 대충 적는 대신 '어떤 아이'라고 기록했다.

4장에서는, 철학교실을 인도하기 원하는 교사들을 위해 철학의 20가지 주요 개념을 제시했다. 개념에 대한 바른 정의를 비롯해 다양한 인용문과 문제 제기, 도서와 영화 등 참고 자료를 곁들였다.

이를 참고하면 어린아이나 청소년을 위한 철학교실을 효과적으로 운영할 수 있을 것이다.

행복이란
무엇일까?

내가 참여했던 18개 철학교실은 네 살부터 열한 살까지, 즉 유치원 3년 차부터 초등학교 5학년CM2 아이들로 구성되었다. 나는 대부분 먼저 행복에 관한 질문을 제시하면서 아이들과 함께 철학교실을 시작했다. 행복은 일반적이면서 접근하기 쉬운 개념인 동시에 아이들이 특별히 관심을 많이 갖는 주제이기 때문이다. 행복을 나름대로 정의하기 위해서 아이들은 자신의 미숙한 표현을 열심히 가다듬었다. 나라의 차이, 대도시와 소도시의 차이에 상관없이 아이들의 생각이 거의 같다는 사실에 나는 적잖이 놀랐다. 아이마다 강조하는 부분이 가끔 다르기는 했지만 존재와 소유, 필요와 여분, 행복과 기쁨을 개념적으로 구별하면서, 본질적으로는 일치되는 생각을 보였다. 코트디부아르의 수도와 프랑스 남부의 소도시에서 진행된 두 개의 철학교실을 통해서, 나는 이런 사실을 분명히 확인할 수 있었다.

다음은 아비장에 있는 셋냉 사립초등학교 8~11세CM1-CM2 아이들의 철학교실 진행 내용을 발췌한 것이다.

프레데릭　너희에게 행복이란 무엇이지? 나에게 말하지 말고 너희끼리 서로 내ᄀ하ᄆᆫ서 ᄉᆞ기 생각을 자유롭게 말해보렴

어떤 아이　나에게 행복은 즐거운 생활을 의미해. 그리고 다른 사람에게 화를 내지 않는 거야. 항상 이웃을 사랑하고, 이웃과 함께 많은 것을 나누는 게 행복이야.

마리　행복은 네가 누군가와 함께 기쁨을 나누는 거야.

알리사　행복은 무엇보다 절망하지 않는 거야. 그리고 갖고 싶은 것을 가질 수 있으면 우리는 행복해.

도나텔라　내가 생각하기에 행복은 항상 미소를 짓는 거야. 그리고 사랑하는 사람에게 절대로 화를 내지 않는 거고.

사피라　나한테 행복은 다른 사람들과 서로 나누는 거야.

어떤 아이　모든 욕망을 실현하는 것이 행복이야.

프레데릭　잠깐, 너희는 모든 욕망을 실현하는 것이 가능하다고 생각하니? 너희끼리 의견을 말해보렴.

예니　나는 아니라고 생각해. 모든 욕망을 이루는 것은 절대로 가

능하지 않아! 인생을 살면서 우리는 원하는 것을 모두 가질 수는 없어. 그리고 원했던 것을 가졌다 해도 머잖아 다른 것을 또 원하기 때문에 지금 원하는 것을 가졌다고 영원히 행복할 수는 없어.

프레데릭   지금 너는 고대 철학자들이 강조했던, 매우 중요한 가치를 말하고 있구나. 그것은 "우리는 영원히 만족할 수 없는 존재이며, 행복하기 위해서는 자기가 이미 소유하고 있는 것에 스스로 만족해야 된다"는 거야. 그들 가운데 한 사람이 이렇게 말했어. "행복은 우리가 이미 소유하고 있는 것을 계속 원하는 것이다." 너희도 이 말에 동의하니?

대부분 "네"라고 대답한다.

예니   나는 인생에서 성공하는 게 행복이라고 생각해.

프레데릭   인생에서 성공한다는 말이 무슨 뜻이지?

예니   필요한 학위를 받고, 자기가 원하는 직업을 갖는 거예요.

프레데릭   예니 말에 너희도 동의하니?

대부분 "네"라고 대답한다.

프레데릭   예니, 혹시 더 하고 싶은 말이 있니?

예니   네. 행복하려면 단순한 삶을 살아야 한다고 생각해요.

케라   나도 예니 말에 동의해. 내 생각에 행복은 작은 집에서라도 사랑하는 부모님과 함께 영원히 사는 거야.

프레데릭   그러면 돈은? 행복하기 위해서 돈은 중요하지 않니?

어떤 아이	아니요, 돈도 중요해요. 돈이 없으면 어떤 사람도 집을 가질 수 없고, 먹을 것을 살 수도, 학교에 다닐 수도 없어요.
어떤 아이	맞아. 돈이 없으면 집에 청구서가 날아와도 낼 수가 없어.
어떤 아이	그래, 돈이 없으면 학비도 낼 수 없어.
마리	하지만 나는 행복하기 위해서 돈은 그렇게 중요하다고 생각하지 않아. 인생에서 정말 중요한 것은 사랑이야.
페니엘	물론 돈이 인생에서 가장 중요한 건 아니야. 그렇지만 돈이 없다면 어떤 사람도 인생에서 성공했다고 말할 수 없어.
오리안	그래. 돈이 많으면 꼭 필요하지 않은 것까지 모두 살 수 있겠지만, 그것이 사람을 진짜로 행복하게 만들지는 못해.
프레데릭	방금 오리안이 '필요'와 '여분'의 중요한 차이에 대해서 말했다. 너희가 말했듯이 필요란 살 집을 구하거나 먹을 것을 사고 전기요금을 내고 학교에 다닐 수 있는 거야. 그렇다면 여분은 무엇인지 말해보겠니? 인생에서 여분이란 무엇일까?
페니엘	비디오게임.
케람	휴대용 제품도 여분이야.
요안	컴퓨터.
림	태블릿.
신	아이폰.
카디	DVD.
아만다	닌텐도 게임기.

조엘 주니어   플레이스테이션.

마리   그럼.

어떤 아이   롤러스케이트.

페니엘   엑스박스 게임기.

어떤 아이   장난감들이야.

신   스케이트보드.

도나텔라   노트북.

페니엘   원격 조정 자동차.

마리   텔레비전.

프레데릭   그래, 너희는 지금 수많은 여분에 대해서 말했다. 그렇다면, 그런 것들이 나름대로 유용할 수 있지만 행복하기 위해서 반드시 필요한 것은 아니라는 오리안의 생각에 너희도 동의하니?

어떤 아이   반드시 필요한 건 아니지만, 그래도 행복하려면 그런 것들이 있는 것이 없는 것보다 훨씬 낫다고 생각해요.

   아이들이 웃는다.

페니엘   맞아, 그런 것들이 있으면 기분이 좋아.

마리   그렇지만 그런 것들은 단지 순간적인 기쁨을 줄 뿐이야. 기쁨은 내가 갖고 싶은 것을 소유하는 것이지만, 진정한 행복은 다른 사람과 함께 나누는 거야.

프레데릭   마리가 지금 아주 멋진 말을 했구나. 너희도 마리 생각에 동

"

기쁨은 내가 갖고 싶은 것을
소유하는 것이지만,
진정한 행복은
다른 사람과 함께 나누는 거야.

"

_마리(10세)

의하니?

대부분 "네"라고 대답한다.

아래는 페즈나의 작은 마을에 있는 자크프레베르 공립초등학교의 4~5학년CM1-CM2 아이들이 철학교실에서 토론한 내용을 발췌한 것이다.

프레데릭   "그가 떠나면서 남긴 소리를 들으면서 나는 비로소 행복을 알았다"는 자크 프레베르의 문장이 무슨 뜻인지 말해보겠니?

야니   저는 그 말을 들으니까 매미가 생각나요. 매미가 노래할 때는 우리가 좋아하지만, 잠시 뒤에 매미는 떠나고 없으니까요.

텍산   행복이 사라질 때 그것이 행복이라는 것을 느낄 수 있다는 말이에요. 마치 큰 소리가 나는 것처럼 자극이 있으니까요.

프레데릭   자크 프레베르가 말하는 소리라는 것이 무엇일까?

어떤 아이   침묵이요.

엘로이즈   발자국 소리 아닐까요?

프레데릭   소리라는 단어는 시인에게 무언가 다른 의미가 있어. 무엇이 행복을 사라지게 할까?

야니   불행이요?

프레데릭	바로 그거야! 불행이 닥쳤을 때 사람들은 비로소 자기가 행복했다는 것을 인정하기 때문이야. 이 말이 무슨 뜻인지 알겠니?
로뱅	사람은 불행이 닥치는 순간 행복을 떠올리게 돼요. 이전에 정말 좋았다는 것을 불행이 닥치는 순간까지 미처 모르고 있었던 거예요.
야니	불행해지면 그때서야 사람들은 소중했던 과거를 떠올려요.
블레즈	그건 바지 좋은 것을 이전에 느끼지 못하고 있다가 나중에야 '이런! 나는 좀 더 일찍 행복을 깨닫지 못했어' 하며 후회하는 것과 같아요.
프레데릭	그래, 맞다. 프레베르가 말하고자 했던 것이 바로 그런 의미란다. 인생을 살면서 사람들은 자기가 행복하다는 것, 그리고 자기에게 정말 필요한 것을 이미 모두 갖고 있다는 사실을 미처 깨닫지 못하지. 그러다가 불행이 닥치는 순간에 비로소 자기가 행복했다는 것을 알게 된다는 거야. 결국 인간은 자기가 행복하다는 사실을 깨닫지 못하기 때문에 불행할 수밖에 없다는 말이지. 너희도 이 생각에 동의하니?
	대부분 "네"라고 대답한다.
프레데릭	너는 동의하지 않니?
어떤 아이	저는 무슨 뜻인지 이해가 되지 않아요.
프레데릭	누가 대신 설명해줄 수 있겠니?

로뱅	예를 들면, 여행을 떠날 때는 여행하는 좋은 기회를 가졌다는 사실을 미처 깨닫지 못하지만, 여행을 마치고 집으로 돌아오면 그때서야 '여행할 때가 훨씬 좋았어!'라고 생각하는 것과 같아.
	아이들이 웃는다.
블레즈	주변에 친구가 많은데도 그게 대단한 일이 아니라고 생각했다가 갑자기 한 명도 남지 않았을 때 느끼는 감정과 같아.
프레데릭	그래서?
블레즈	나중에 친구를 모두 잃고 나서야 친구가 많은 것이 좋다는 사실을 새삼 깨닫게 되는 거죠.
로뱅	제가 무엇을 원하면 엄마가 저를 위해서 그것을 사주시지만, 금세 나는 '이거 말고 다른 것이 있으면 좋겠다'고 생각해요. 하지만 돈이 없어서 그런 선물을 받을 수 없는 아이들이 있다는 것을 생각하면 내가 가지고 있다는 사실에 만족하게 돼요.
프레데릭	아주 흥미로운 생각이라서 거기서부터 다시 출발하면 좋을 것 같구나. 예를 들면, 우리가 끊임없이 무언가를 간절하게 원하면서도 막상 소유하지 못할 때, 그때 우리는 절대로 행복할 수 없을까?
여러 아이	아니요!
프레데릭	왜 아니라고 생각하지?

야니	많은 것을 가지고 있는데도 가끔은 지겨울 때가 있어요. 그러면 결국 많은 것을 가지고 있는 게 전혀 행복하지 않은 것과 같으니까요.
클로에	종종 우리는 새로운 물건을 보면 갖고 싶다는 생각이 들어요. 그렇지만 가만히 생각해보면, 집에 이미 다른 것이 많이 있어요. 사실은 그것만으로도 이미 행복한 거예요.
어떤 아이	엄마는 아들을 그 어떤 것과도 바꾸지 않아요.
프레데릭	무슨 뜻이니?
같은 아이	자기가 정말 사랑하는 걸 돈으로 살 수 있는 사람은 아무도 없다는 말이에요.
엔조	맞아요. 행복은 크리스마스 같은 거예요. 크리스마스에 가장 소중한 것은 선물이 아니라 가족과 함께 즐거운 시간을 보내는 거예요.
프레데릭	너희는 돈이나 물질적인 어떤 것보다 사랑이 소중하다고 생각하니?
	대부분 "네"라고 대답한다.
프레데릭	혹시 그렇지 않다고 생각하는 사람이 있니?
	대부분 "아니요"라고 대답한다.
프레데릭	좋아, 그러면 만장일치다. 너희는 물질적인 것도 중요하지만 그것으로 충분하지 않다고 모두가 같은 결론을 내린 거다. 내가 너희에게 다시 질문하마. 우리는 원하는 모든 욕망

을 충족시킬 수 있을까? 아니면, 우리는 항상 불만족할 수밖에 없을까?

메디 우리가 무언가를 원할 때 부모님은 가끔 안 된다고 하시지만, 때로는 그것이 오히려 우리를 행복하게 해요. 부모님이 그렇게 말씀하시는 건 우리를 위해서 그러시는 거니까요.

로뱅 원하는 걸 구경하기 위해 슈퍼마켓에 갈 때까지는 기분이 아주 좋아. 그런데 엄마가 막상 그걸 사주시면 기쁨은 별로 오래가지 않아. 그걸 갖기 위해서 조금 기다리는 것이 오히려 나아. 사람은 자기가 원하는 것을 갖게 되면 잠깐은 기쁘지만 결코 그것으로 만족하지 않아.

프레데릭 자, 이제 다른 질문이다. 너희는 행복과 기쁨의 차이를 알고 있니? 만약에 알고 있다면 그 차이가 무엇인지 말해보겠니?

텍산 저에게 행복은 사랑하는 사람과 함께 있는 거예요. 예를 들면 친구나 가족과 함께 있으면 행복해요. 그리고 기쁨은, 예를 들면 어떤 사람이 무언가를 줄 때 느껴지는 거예요.

에스트방 행복은 엄마가 나에게 무언가를 사주실 때이고, 기쁨은 그걸 가지고 놀 때야.

엘로이즈 행복은 오래가고 기쁨은 순간이야.

프레데릭 네가 지금 중요한 것을 말했단다. 기쁨은 짧은 순간이고, 행복은 오래 지속되는 것이라고 했는데 너희도 이 말에 동의하니?

"

행복은
살면서 얻는 것이고,
기쁨은
느껴지는 거야.

"

_마리우스(9세)

대부분 "네"라고 대답한다.

프레데릭 에피쿠로스나 아리스토텔레스 같은 고대 철학자들은 기쁨의 구체적인 경험으로부터 행복이라는 개념을 발견했다. 그런데, 그들도 너희처럼 기쁨과 행복을 시간의 개념으로 구별했지. 즉, 기쁨은 즉각적인 감정인 반면에 행복은 지속되는 마음의 상태라는 거야. 우리에게 기쁨이 없다면 행복도 없지만, 진정한 행복을 얻기 위해서는 순간적인 기쁨으로 충분하지 않다는 거지. 이 말이 사실이라면, 너희는 왜 그렇다고 생각하니?

에스트방 기쁨이 지속되려면 새로운 변화가 필요하기 때문이라고 생각해요. 기쁨은 외부에서 나에게 오는 무언가에 달렸어요.

야니 나는 행복이 일종의 감정인 반면 기쁨은 감각이라고 생각해.

블레즈 나도 야니의 말에 동의해. 그런데 나는 기쁨이란 특별한 대상에 집중하는 것이라고 생각해. 그렇지만 행복은 우리가 원하는 것 전체와 연결되어 있어.

프레데릭 너희는 지금 아주 흥미로운 토론을 하고 있구나! 그래, 기쁨은 감각에 의존해. 그것은 한 가지 특별한 것에 집중되는 반면에 행복은 전체와 관계가 있어. 행복이란, 예를 들면 가족이나 우리가 지속적으로 함께하는 활동 같은 거야. 너희도 이 말에 동의하니?

대부분 "네"라고 대답한다.

텍산   나는 행복이 기쁨과 다르다는 것을 말하고 싶어. 우리가 행
        복은 없앨 수 없지만, 기쁨은 쉽게 사라지기 때문이야.

프레데릭 너는 행복이 절대로 사라지지 않는다고 생각하니?

텍산   네. 행복은 없어지지 않아요. 행복은 소중한 사람들과 언제
        나 함께 있는 거니까요.

프레데릭 사랑하는 가족이 네 곁에 있는 한 너는 항상 행복하다고 생
        각하니?

텍산   네.

감정이란
무엇일까?

철학교실에서 나눴던 주제 중 감정은 매우 중요한 내용이다. 뇌에 대한 최근 연구는 감정적인 지능, 이를테면 감정을 이해하는 능력과 이를 통제하는 능력이 점진적으로 성장한다는 것을 밝혀주고 있다. 그것은 자신의 감정을 이용할 수 있는 진정한 기술이다. 따라서 아이들이 일찍이 감정의 속성을 파악하고 그 대상에 일정한 이름을 붙이면서 통제하고 다루는 방법을 아는 것이 중요하다. 나는 철학교실을 이끌었던 대부분의 학급에서 이 주제를 상기시켰다. 그리고 매번 감정에 대해서 말하면서 아이들이 자신의 감정과 기분을 구별하려고 노력하는 열띤 모습에 많은 감동을 받았다.

브뤼셀 몰렌비크의 한 초등학교에서 7~8세 아이들과 함께 철학교실을 진행했다. 그 학교는 32명의 사망자와 340명의 부상자가 발생한 2016년 3월 22일의 브뤼셀 테러가 일어났던 장소에서 얼마 떨어지지 않은 곳에 위치했다. 테러가 난 지 3주가 안 된 동안에 나는 그곳을 여러 차례 방문했었다. 파리에서 있었던 테러와 마찬가지로, 이 초등학교에서 불과 몇 걸음 떨어지지 않은 곳에 살았던 사람들에 의해서 테러가 자행되었다. 그 충격은 주민들의 의식에서 좀처럼 사라지지 않았다. 하지만 나는 직접 테러를 주제로 다루면서 철학교실을 시작하고 싶지 않았다. 토론을 진행하는 동안에 나는 아이들이 그 사건이 있었을 때 느꼈던 감정을 매개로, 우회적으로 그 주제에 접근했다.

프레데릭   감정이 무엇인지 아는 사람?

수마야   울고, 기쁘고, 슬프고, 화가 나고, 즐겁고…….

프레데릭   그래, 그게 바로 감정으로 느끼는 거란다. 너는 방금 슬픔, 기쁨, 분노에 대해서 말했는데, 그 외에 다른 것이 또 있을까?

수마야   두려움이요.

프레데릭   맞아. 너희가 지금 말한 것들이 기본적인 감정이야. 오늘은 두려움이라는 주제에서부터 철학교실을 시작하자. 두려움이 즐거운 감정일까?

아이들 합창   아니요!

프레데릭   그래, 두려움은 결코 즐거운 감정이 아니다. 그렇지만, 두려움이 항상 부정적인 감정이라고 말할 수 있을까?

어떤 아이 아니요.

프레데릭 두려움이 즐겁지 않고 불쾌한데도 항상 부정적인 감정이
아니라고 말하는 이유는 왜지?

수마야 처음에는 두려웠지만 시간이 지나면 아무것도 아니었다고
생각하는 경우가 종종 있기 때문이에요.

프레데릭 그래. 일부러 두려움을 즐기는 경우는 별도로 하고, 두려움
은 무슨 가치가 있을까?

레다 예를 들면, 동생이 위험한 상황에서 우리가 전혀 두려움을
느끼지 않는다면 우리는 동생을 구해주려고 하지 않겠죠?

프레데릭 바로 그거야. 위험에 처했을 때 두려움을 느끼는 것은 오히
려 유익하지?

아이들 합창 네.

프레데릭 두려움이 항상 부정적인 것은 아니다. 너희도 동의하니?

여러 아이 네.

프레데릭 따라서 두려움은 분명 불쾌하지만, 그 자체만으로는 부정
적이거나 긍정적인 감정이라고 단정할 수 없어. 우리를 꼼
짝 못하게 만들 때, 그리고 두려움 때문에 우리가 하고 싶은
일을 더 이상 할 수 없을 때 두려움은 부정적일 수 있어. 그
러나 위험을 알려준다는 점에서 두려움은 오히려 긍정적인
면이 있지.

아이들	네.
프레데릭	이제 우리는 분노라는 다른 감정에 대해서 말해보자. 분노는 긍정적인 감정일까, 아니면 부정적인 감정일까?
리나	부정적이에요.
프레데릭	왜?
리나	화가 나면 멈출 수가 없으니까요.
모하메드 아민	맞아요, 분노는 부정적인 감정이에요.
프레네릭	왜?
모하메드 아민	유익하지 않으니까요.
프레데릭	너희 모두 화를 내는 게 전혀 유익하지 않다는 모하메드 아민의 생각에 동의하니?
여러 아이	아니요.
에바	가끔 논쟁이 벌어질 때 화가 나지만, 시간이 지나면 화가 풀리고 오히려 문제가 해결되는 경우가 있어.
케뱅	성격이 못됐고 다른 아이를 때리는 아이가 있으면 우리가 그 아이에게 화를 내지만, 다른 상황에서는 우리가 그 아이를 도울 수도 있어.
프레데릭	분노는 불의에 맞서 반응하게 한다. 너희도 이 말에 동의하니?
여러 아이	네.
프레데릭	너희는 지금 분노가 지니는 부정적인 면과 긍정적인 면을

동시에 말하고 있구나. 두려움처럼. 그러면 슬픔은? 슬픔은 긍정적인 감정일까, 아니면 부정적인 감정일까?

수마야 슬픔은 부정적인 감정이에요. 할머니가 돌아가셨을 때 슬펐고, 너무 슬퍼서 눈물을 멈출 수가 없었어요…….

리나 나는 슬픔도 때로는 긍정적이라고 생각해. 가끔은 마음껏 울고 나면 마음이 편해지잖아.

프레데릭 슬픔의 긍정적인 면과 부정적인 면, 둘 다 사실일 수 있단다. 지금부터는 너희가 조금 전에 말했던 네 번째 감정, 즉 기쁨에 대해서 함께 토론해볼까? 기쁨은 항상 긍정적인 감정이라고 생각하니?

많은 아이 네.

프레데릭 우선은 나도 기쁨이 긍정적인 감정이라고 말하고 싶구나. 그렇지만 가끔 거짓 기쁨을 느낄 때도 있지 않았니?

여러 아이 네.

프레데릭 거짓 기쁨을 느낀 경험이 있는 사람이 말해보렴.

나심 공원에 갔을 때 공이 있었어. 재미있게 놀려고 했는데 빗방울이 보였어. 그래서 기뻤다가 금방 슬퍼졌어.

앙드레이 사촌이 우리 집에 오겠다고 해서 기뻤어. 실제로 사촌이 우리 집에 왔는데, 집에 아무도 없다고 생각하고 다시 돌아갔어. 그때 나는 슬펐어.

리나 언젠가 엄마와 함께 있었을 때, 엄마가 아이스크림을 사주겠다고 나가자고 해서 무척 기뻤어. 그런데 내가 실수로 아이스크림을 땅바닥에 떨어뜨렸어. 그때 무척 슬펐어.

프레데릭 　지금 너희는 기쁨이 유쾌하고, 대부분 긍정적인 감정이지만 가끔 거짓 기쁨이 있다는 것에 대해 말하고 있다. 그런데 사실이 아닌 것으로 기뻐할 때는 오해일 수 있기 때문에 그 감정이 부정적일 수 있어. 따라서 모든 감정은, 그것이 유쾌하든 불쾌하든 긍정적일 수 있고 부정적일 수 있어. 너희는 이 말에 동의하니?

대부분 "네"라고 대답한다.

프레데릭 　그럼 지금부터 너희들이 겪었던 매우 충격적인 순간에 대해서 함께 토론해볼까? 여기 브뤼셀에서 테러가 일어나서 많은 사람이 죽거나 다쳤을 때 느꼈던 감정에 대해서 말해보렴. 너희는 그때 어떤 감정을 느꼈니?

어떤 아이 　저는 슬픔을 느꼈어요.

프레데릭 　왜 슬픈 감정을 느꼈지?

같은 아이 　아무 잘못도 없는 사람들을 죽인 건 옳지 않기 때문이에요.

발제타 　저도 슬펐어요. 저도 같은 이유로 많이 울었어요······.

모하메드 아민 저는 슬픔보다는 두려움을 느꼈어요. 죽는 게 두렵기 때문이에요.

수마야 　저는 슬픔과 두려움을 동시에 느꼈어요.

프레데릭 　왜?

＂

격한 감정,
예를 들면 분노 같은 감정은
원인을 알면 통제할 수 있어.
우리의 감정을 통제할 수 있게
도와주는 것은
무엇보다 깊이 생각하는 거야.

＂

_레아(9세)

수마야 내가 죽을까 봐 두려웠고, 아무 잘못도 하지 않은 사람들이 죽었다는 생각을 하면서 몹시 슬펐어요.

에만 저도 슬프고 두려웠지만, 기쁨도 느꼈어요.

프레데릭 너는 슬픔이 아니라 오히려 기쁨을 느꼈다고?! 왜 그랬을까?

에만 테러리스트들을 붙잡아서 모두 죽였기 때문이에요.

마날 저도요. 슬프면서도 만족했어요.

프레데릭 왜일까?

마날 텔레비전에서 폭탄이 터지고 수많은 사람이 다친 모습을 보면서 슬펐어요. 그렇지만 일부 테러리스트가 죽고, 나머지를 모두 체포했을 때 만족했어요.

나심 저는 아이들이 죽은 것을 보고 슬펐어요.

앙드레이 저는 슬프고 화가 났어요.

프레데릭 그건 왜지?

앙드레이 죽은 사람이 있었기 때문에 슬펐어요. 아무 잘못이 없는 사람들을 죽이는 것을 보면서도 가만히 있을 수밖에 없어서 화가 났고요.

에바 나도 그랬어. 슬펐고 화가 났어. 테러리스트들이 잘못이 없는 사람들을 무턱대고 죽였기 때문이야.

모하메드 아민 아무 잘못도 없는 사람들, 그리고 살면서 좋은 일을 많이 했던 사람들을 죽였기 때문에 슬펐어.

에두아르   난 그때 지하철에 있던 엄마 때문에 두려웠어. 엄마가 내렸
         던 지하철역 바로 건너편에서 폭발이 일어났거든.

마날   난 슬펐지만, 우리 엄마가 지하철에 있었기 때문에 두려웠
         어. 폭발이 일어났을 때에도 엄마는 여전히 거기 계셨기 때
         문에 엄마가 다칠까 봐 너무 무서웠어.

수마야   나는 오빠 때문에 두려웠어. 오빠가 지하철을 타러 나갔는
         데, 그때 오빠 친구들이 테러로 죽었다는 소식을 듣고 혹시
         오빠한테도 무슨 일이 일어나지 않았을까 몹시 두려웠어.

프레데릭   너희는 폭탄을 설치하고 사람들을 죽이기로 작정한 테러리
         스트들을 어떻게 생각하니? 그들이 왜 그랬을까?

나심   테러리스트들은 미쳤어요.

수마야   나도 그들이 미쳤기 때문이라고 생각해.

모하메드 아민 맞아, 나도 그들이 미쳤다고 생각해.

케뱅   어리석어서 그래.

에두아르   어리석고 미쳤어.

살와   그들은 미쳤어.

캉디   내 생각에 그들은 환자야.

케뱅   머리가 돌았어.

유세프   멍청이들이야.

모하메드 아민 그들은 완전히 미친 거야.

마날   아무 잘못도 없는 사람들을 죽인 것을 보면 그들은 완전히

미친 거야.

에만   아무 짓도 하지 않은 사람들을 죽이고, 나중에는 자기 스스
         로 자살한 걸 보면 그들은 완전히 미친 거야.

프레데릭   그래, 그런데 왜 자살했을까?

에만   자기들이 죽으면 천국에 간다고 믿기 때문이에요.

프레데릭   너희는 그 사람들이 천국에 갔다고 생각하니?

모두 외침 아니요!

프레데릭   지, 그러면 만장일치다! 혹시 그들이 천국에 갔다고 생각하
         는 사람 있니? 천국에 갈 수 없다면, 너희 생각에 그들이 천
         국에 갈 수 없는 이유가 무엇이니?

모하메드 아민 죄 없는 사람들을 죽였기 때문이에요.

앙드레이   하나님은 착한 사람을 사랑하시지만, 악인은 미워하시기 때
         문이야.

에만   그런 사람들은 하나님과 한마디도 나누지 못하고 바로 지
         옥에 가.

수마야   하나님은 죄 없는 사람을 죽이라고 하시지 않았어. 그래서
         그 사람들은 지옥에 갈 수밖에 없어.

캉디   절대로 하나님은 그들에게 사람을 죽이라고 하시지 않았어.

에바   그들은 천국에 갈 수 없어. 하나님은 착한 사람을 천국에 보
         내시는데, 그 사람들은 착하지 않기 때문이야.

같은 주제를 다루었던 철학교실에서 발췌한 내용을 중심으로 감정에 대한 주제를 보충하고자 한다. 브뤼셀의 아이들보다 조금 나이가 많은, 파리 페늘롱 초등학교 4학년CM1 아이들과 철학교실을 진행했다. 여기서는 다른 질문이 많이 제기되었다. 예를 들면, 어떻게 감정을 다스릴 수 있는가, 감정과 기분의 차이, 그리고 감정과 행복의 관계에 대해서도 다양한 내용이 쏟아졌다.

프레데릭   지난번에 우리는 행복에 대해서 말했는데, 오늘은 감정에 대해서 토론해보자. 감정이 무엇이지?

잔   기쁨, 슬픔, 두려움, 분노…….

레아   잠깐 동안 느끼는 기분 같은 거예요.

프레데릭   그래. 감정은 제한된 시간 동안 우리가 느끼는 기분이지. 그런데, 우리가 자발적으로 어떤 감정을 갖거나 거부하기로 결정할 수 있을까?

프리스카   아니요. 우리가 감정을 선택할 수 없어요. 그렇지만 나중에 우리가 감정을 절제할 수는 있어요.

잔   맞아. 예를 들면 우리는 때때로 화가 날 수 있지만, 그 감정이 나중까지 계속되지는 않아.

뤼실   맞아, 우리는 가끔 어떤 사람 때문에 화가 나지만, 5분만 지나면 사실은 아무것도 아닌 일 때문에 화를 냈다는 것을 깨닫고 후회하게 돼.

프레데릭	무엇이 감정을, 예를 들면 방금 네가 말한 분노 같은 감정을 통제할 수 있을까?
뤼실	깊이 생각하는 거요.
어떤 아이	네, 깊이 생각하고 나면 마음이 차분하게 가라앉아요.
프레데릭	그렇다면, 너희는 지금 감정을 통제할 수 있는 것은 인간의 이성, 그리고 깊은 사유라고 말하고 있는 거구나.

대부분 "네"라고 대답한다.

엑토르	두려울 때 우리는 어른에게 안심시켜달라고 부탁해요.
프레데릭	그렇지. 그러면 그 어른은 네가 두려워할 필요가 없는 이유를 설명해주지. 그래서 감정이 일시적인 것이라고 말하는 거야. 때로는 감정이 오랫동안 지속되는 경우가 있을까?
어떤 아이	네.
프레데릭	지속되는 감정, 예를 들면 사랑 같은 것을 무엇이라고 부르지?
같이 아이	감성이요.
프레데릭	브라보! 지속되는 슬픔에 빠져 있다면 '나는 슬픈 감성에 젖었어'라고 말하지. 오래 지속되는 기쁨을 느낀다면 너희는 기쁜 감성에 젖어 있는 거고. 오래 지속되는 사랑에 빠졌을 때는 사랑의 감성을 지니고 있는 거지. 하지만 일시적인 감정의 경우는 단순하지가 않아. 이 말에 동의하니?

대부분 "네"라고 대답한다.

“

우리가 감정을
통제하는 경우보다
감정이 우리를
통제하는 경우가 훨씬 많아.

”

_크리스토프(10세)

레아 그러면, 기쁨이 오랫동안 지속되면 행복이 되는 건가요?

프레데릭 그래, 네 말이 맞다. 스피노자라는 철학자가 있었지. 그는 "항상 기쁨을 누리고 사는 것이 완전한 삶이며, 그것이 바로 지속적인 행복, 다시 말해 지복에 도달하는 것"이라고 말했다. 그러나 우리는 지속적으로 기쁨을 느끼지 않는 경우에도 행복할 수 있다.

아르튀르 맞아요! 기쁨은 우리가 느끼는 어떤 것이며, 자기가 마음속에 가시고 있는 것인 반면에 행복은 우리에게 다가오는 모든 것에서 비롯되기 때문이에요.

프레데릭 아르튀르가 본질적인 것에 대해 말했구나. 바로 행복은 일시적인 기쁨과 달리 마음으로 느끼는 조화와 평온의 온전한 상태이며, 우리가 이끄는 삶을 사랑한다면 행복할 수 있다는 거란다. 반면에 기쁨은 일종의 감정이기 때문에 행복에 비해 매우 구체적이야. 만약 기쁨이 거의 영속적이라면, 행복의 강렬한 유형이 될 수 있지. 강한 행복은 기쁨으로 구체화되니까.

비올레트 감성은 며칠 동안 지속될 수 있나요?

프레데릭 일생 동안 지속될 수 있어. 예를 들면 너는 부모님을 일생 동안 사랑하면서 항상 행복할 수 있지.

비올레트 네. 그렇지만 분노를 생각해보세요. 그것도 일생 동안 지속될 수 있나요?

프레데릭   물론이야. 일생 동안 분노나 슬픔, 또는 두려움이 지속되는
          사람들도 있단다.

어떤 아이 왜요?

프레데릭   대부분 어린 시절 경험 때문이지. 일생 동안 불행한 사람들
          은 어린 시절에 부모님과 힘들고 고통스러운 관계를 맺었
          던 경우가 많단다. 그들이 자신의 문제를 해결하려고 노력
          하지 않는다면, 예를 들어 정신요법을 통해서 치유하려고
          하지 않으면 아주 오랫동안 분노, 두려움, 슬픔에 사로잡힌
          상태에 있을 수 있지.

비올레트   태어날 때부터 한 번도 행복하지 않았던 사람도 있을 수 있
          나요?

프레데릭   너희는 어떻게 생각하니? 한순간도 행복한 적이 없었던 사
          람이 있을까?

어떤 아이 네.

다른 아이 아니요.

잔   나도 아니라고 생각해. 예를 들어, 어떤 여자에게 아기가 있
          다면 최소한 일생에 한 번, 아기를 낳았던 순간만큼은 행복
          하잖아.

랑슬로   아주 오래 사는 사람, 예를 들어 여든 살이 넘게 사는 사람이
          일생 동안 한순간도 행복한 적이 없었다는 건 믿기 힘들어.

프레데릭   그래, 인생을 살면서 불행했던 순간들이 있고 행복했던 순

간들이 있어. 그리고 사람에 따라서 그 순간이 길거나 짧을
수 있고. 어떤 사람은 다른 사람에 비해서 훨씬 행복한 상태
로 오랫동안 사는가 하면 어떤 사람은 불행한 상태에서 평
생 벗어나지 못하기도 한단다.

사랑이란 무엇일까?

사랑은 유치원부터 초등학교 5학년CM2에 이르기까지 모든 아이의 관심을 집중시키는 주제다. 실제로 나는 철학교실을 통해 아이들이 이 주제에 대해 놀라운 분별력을 지녔다는 것을 알 수 있었다. 아직 성 경험이 없는 아이들이지만 사랑의 열정과 힘, 그리고 사랑이 담고 있는 복잡한 내용과 더불어 가족, 우정, 연민을 넘어 자연 사랑에 이르기까지, 아이들의 주장은 좀처럼 막힘이 없었다. 아이들은 철학적인 고찰을 통해 자신의 정서적인 경험에서 비롯된 다양한 모습을 일일이 명명할 수 있었다. 뿐만 아니라 사랑이라고 명명할 수 있는 그런 경험이 나타내는 복잡한 양상을 구별하면서, 자신과 다른 사람에 대해 보다 분명하게 이해해갔다. 모든 철학교실이 흥미로웠기 때문에 그중 하나를 특정해서 본보기로 선택하는 것이 무척 힘들었다.

코르시카섬 브란도 마을의 한 초등학교 4~5학년CM1~CM2, 8-11세 학급에서 있었던 철학교실의 내용을 거의 전부 여기에 옮긴다.

프레데릭   사랑이란 무엇일까?

제나   일종의 감정이에요.

프레데릭   왜?

제나   우리가 느끼는 것이기 때문이에요.

아나이스   사랑은 우리가 누군가를 좋아할 때 느끼는 거야. 누군가를 사랑하기 시작하면 그와 자주 있게 되고, 시간이 한참 지나면 결혼하게 돼. 그러면 언제나 함께 있게 되는 거야.

크리스토프   사랑은 우리가 아빠와 엄마에게 느끼는 감정이야.

제나   하지만 우정도 있어.

프레데릭   그러면, 우정은 무엇이라고 생각하니?

제나   우정도 사랑에 속하지만, 연인 사이의 사랑은 아니에요.

사라   서로 잘 어울릴 때 서로에게 우정이 있다고 말해.

엘리아   사랑과 우정은 평생 함께 있고 싶을 때 느끼는 거야.

루벤   그렇지만 어른들은 종종 싸우기도 해. 주먹다짐은 아니더라도 말로는 자주 싸워.

프레데릭   그들이 왜 싸울까?

루벤	화가 났기 때문이에요.
프레데릭	그러면 너희는 그들이 싸우는 이유는 더 이상 서로 사랑하지 않기 때문이라고 생각하니?
루벤	아니요. 싸워도 사랑할 수 있어요.
앙투안	그래, 하지만 다투다가 사랑이 깨지는 경우도 있어. 그러면 헤어지게 되고…….
어떤 아이	사랑했다가 다른 사람과 결혼하기 위해서 헤어지는 경우도 있어.
제나	대부분의 사람은 상대를 깊이 알면 알수록 더 사랑하게 돼. 마음을 잘 알면 별로 중요하지 않은 외적인 요소, 예를 들면 외모나 그런 것들에 연연하지 않기 때문이야.
프레데릭	좋은 말이구나. 레오나르도 다빈치라는 위대한 예술가가 있어. 그가 방금 네가 했던 말과 같은 말을 했단다. "알면 알수록 더욱 사랑한다"는 것이지. 이를테면, 외모를 뛰어넘어서 그 사람의 내면을 알면 알수록 더욱 사랑할 수 있다는 말이다. 있는 그대로의 상대를 사랑할 수 있기 때문이지. 네가 생각하는 것이 바로 이것이니?
제나	네.
쥘리	맞아. 처음에 누군가를 사랑할 때 그 사람이 아주 예쁘거나 잘생겼기 때문에 무턱대고 사랑하는 건 아니야. 사실 중요한 건 외모가 아니라, 마음에 달려 있어. 마음이 착한지 악

한지, 진실한지 아닌지가 중요해. 예를 들면, 별로 예쁘지 않지만 마음이 착한 사람이 있고, 얼굴은 아주 예쁘지만 마음이 몹시 나쁜 사람도 있어.

엘리아 사실은 사랑하지도 않으면서 사랑하는 척하는 사람들이 있어. 그건 정말 나쁜 짓이야. 거짓으로 사랑하는 척하는 사람은 그에게 속아서 진짜로 사랑하는 사람에게 고통을 주니까.

쥘리 나도 엘리아 생각에 동의해. 다른 사람의 진실한 감정을 갖고 장난칠 수 있는 권리는 아무에게도 없어. 그것은 정말 옳지 못해. 사실이 아니라는 것을 아는 순간, 그 사람에게 엄청난 고통을 주잖아.

프레데릭 실제로 그렇게 행동하는 사람들이 있니?

쥘리 예쁜 여자아이가 있는데, 남자아이가 가까이 지내면서 여자아이의 감정을 속이는 경우가 있어요. 그 남자아이가 마음속으로는 여자아이를 사랑하지 않으면서도 가까이 지내는 건 단지 여자아이가 예쁘기 때문이에요.

마티아스 사랑은 남녀 사이의 사랑만 있는 게 아니야. 예를 들면, 엄마에 대한 사랑도 있어.

프레데릭 그것은 아까 크리스토프가 했던 말이구나. 그렇다면 너희는 아이들에 대한 부모의 사랑이 있고, 부모에 대한 아이들의 사랑이 있다고 말한 거야. 그리고 그것 역시 사랑에 속한다는 걸 이미 알고 있는 거지. 이렇게 너희는 지금 세 가지 유

66

제 마음을 떨리게 하는
아이를 보면
마음이 미리 알고
노래를 해요!

99

_크리스토프(10세)

형의 사랑에 대해서 말했단다.

엘리아   부모에 대한 사랑만 있는 게 아니에요. 모든 가족에 대한 사랑, 구체적으로 형제나 자매, 삼촌과 숙모, 할아버지와 할머니에 대한 사랑도 있어요.

프레데릭   물론이다.

쥘리   동물 사랑도 있어.

제나   자연 사랑도 있지 않을까?

프레데릭   너희는 자연에서 무엇을 느끼니?

제나   나는 자연에서 감동을 받아요. 자연이 아름답다고 생각하기 때문이에요. 그런데 나무가 부러져 있거나, 자연을 더럽히는 쓰레기를 보면 슬퍼요.

마리나   난 자연에 있을 때 자유를 느끼고, 자연에서 보호를 받는다고 느껴. 사랑하는 공간에 있기 때문이고, 문제가 생기면 자연은 그 문제를 해결할 수 있도록 우리를 도와준다고 생각하기 때문이야.

엘리아   나도 제나와 같은 생각이야. 우리 가족은 산에 나무를 베러 갈 때가 있는데, 나는 가고 싶지 않아. 나무를 베는 것이 나에게 고통을 주기 때문이야. 살아 있는 나무를 베는 것은 마치 생명을 절단하는 것 같아.

앙투안   나도 엘리아와 생각이 비슷해. 살아 있는 나무를 베면 안 돼. 나무는 우리가 호흡하고 생명을 유지하는 데 도움을 줘. 그건 마치 자연과 우리 사이의 나눔 같은 거야.

사라 나도 엘리아와 생각이 비슷해. 내 경우는 식물이 아니라 동물이라는 게 다르지만. 우리 부모님은 낚시하러 가는 걸 좋아하시지만 나는 거기 따라가는 게 싫어. 광주리 안에서 물고기가 죽어가는 모습을 보는 게 싫어. 불쌍한 모습이 나를 몹시 고통스럽게 만들어.

아나이스 나는 접시에 고기가 올라온 걸 보면 "싫어요"라고 말해. 그걸 먹고 싶은 생각이 없어. 동물을 먹는 게 고통스럽기 때문이야.

프레데릭 채식주의자니? 너는 전혀 고기를 먹지 않아?

아나이스 아니요, 가끔은 고기를 먹지만 자주 먹는 건 아니에요. 그리고 고기를 먹을 때는 마음이 편하지 않아요.

마티아스 사물을 사랑할 수도 있지요?

프레데릭 예를 들어보렴.

마티아스 저는 자동차가 참 좋아요.

프레데릭 그게 지속되는 감정일까?

마티아스 잘 모르겠어요.

앙투안 나도 사물을 사랑해. 예를 들어 레고를 열심히 쌓고 있을 때 누군가 그 위로 지나가면서 무너뜨려버리면 마음이 아파. 내가 레고를 사랑하기 때문이야.

프레데릭 장난감에 대한 애착을 말하려는 거니?

앙투안	네.
크리스토프	아주 어렸을 때 사랑하는 인형이 있었어. 어느 날 내가 엄마를 화나게 했을 때 엄마가 인형을 쓰레기통에 버렸어. 그때 나는 너무 슬펐어.
쥘리	책을 사랑할 수도 있어. 남자아이는 축구를 사랑할 수도 있고, 여자아이는 댄스를 사랑할 수도 있어.
프레데릭	너희는 지금 여러 형식의 사랑에 대해서 말하고 있구나. 말하자면 남녀 사이의 사랑, 우정과 관련된 사랑, 가족 사랑, 자연 사랑과 동물 사랑, 사물에 대한 사랑, 독서와 스포츠 활동 또는 문화 활동에 대한 사랑…….
제나	세상에는 우리가 사랑하지 않는 사람도 있고, 우리가 잘 모르는 사람도 있어. 그렇지만 그들에게 심각한 일, 예를 들면 질병, 테러 등이 닥치면 우리도 덩달아 슬퍼져. 그것 역시 일종의 사랑이 아닐까?
프레데릭	그래. 그럼 그런 사랑을 무엇이라고 부르겠니?
제나	모르겠어요.
릴리아	그건 집착이야.
프레데릭	집착은 개인적으로 특별한 관계가 있을 때 느끼는 거란다. 자기가 모르는 사람이지만 그 사람에게 고난이 닥치면 우리는 무언가를 느끼게 되지. 그게 무엇일까?
엘리아	애정이요.

프레데릭　애정 역시 개인적인 관계가 있을 경우에 해당되는 거야. 제 나가 말했던 것은 연민이라고 한단다. 너희는 이 말의 의미를 알고 있니?

여러 아이　아니요.

프레데릭　연민이란 우리가 잘 모르더라도 어떤 생명체에게 고통스러운 일이 닥쳤을 때 슬퍼하는 것을 말한단다. 예를 들면, 아프리카에서 기아로 죽어가는 사람들을 보면서 우리는 연민을 느낄 수 있고, 거리에 있는 노숙자를 보면서도 연민을 느낄 수 있어. 도살장에서 고통을 느끼는 동물을 보면서도 연민을 느낄 수 있지. 그들을 모르고 그들이 우리의 친구는 아니지만, 우리는 그들에게 일종의 사랑의 감정을 느낄 수 있고 그들의 고통이 우리의 마음을 울릴 수 있다.

쥘리　처음에 마티아스가 교실에 도착했을 때 아무도 그 애와 놀지 않았어. 그리고 가끔 나도 사육제에서 하는 것처럼 그 애를 못살게 굴었어. 나는 단지 겁을 주고 싶었던 거지만, 실제로 그 애는 몹시 아파했고, 아파하는 모습을 보면서 그 애에게 연민을 느꼈어. 그래서 나는 미소를 지으면서 그 애에게 물을 갖다주었어.

크리스토프　나도 누군가에게 연민을 느꼈던 적이 있었어. 내가 잘 모르는 아이였는데, 어느 날 그 아이 엄마가 심각한 병에 걸렸다는 말을 들었어. 그때 그 애한테 연민을 느꼈어. 내 생각에

"

사랑은 감성인 동시에 감정이야.
부모님에 대한 사랑처럼 일생동안
지속되기 때문에 감성이라고 말할 수 있어.
그렇지만 때때로 사랑은
순간적인 감정이기도 해.
우리가 자라면서 사랑하게 되는
기회가 여러 번 있지만,
때로는 사랑이 오래가지 않기 때문이야.

"

_카미유(8세)

는 그것도 분명히 사랑이지만, 우리가 이성 친구를 사랑할 때와 같지는 않은 것 같아.

프레데릭 차이가 무엇이지?

크리스토프 제 마음을 떨리게 하는 아이를 보면 마음이 미리 알고 노래를 해요!

아이들이 웃는다.

조르당 사라를 처음 만났을 때 내가 그랬어. 내 마음은 온통 사라를 향했고, 가슴이 두근거리고 또 두근거렸어. 나는 여자를 위한 멋진 문장을 사라에게 전했어.

아이들이 웃는다.

어떤 아이 맞아. 사랑을 느끼면 가슴이 두근거려.

프레데릭 사랑을 느끼면 항상 가슴이 두근거릴까?

프랑세스카 아니요. 사랑하는 가족이나 친척은 자주 보기 때문에 친하기는 하지만, 그렇다고 볼 때마다 가슴이 뛰지는 않아요.

제나 그렇지만 가끔은 가족 때문에 가슴이 뛰는 경우도 있어. 예를 들면 우리가 만약에 엄마라면, 아들이나 딸이 나가서 돌아오지 않으면 가슴이 뛰어. 사랑하기 때문이고, 돌아오지 않는 자식이 걱정되기 때문이야.

블랑딘 아기가 태어날 때 부모는 감격해서 가슴이 크게 뛰어.

조르당 나는 주말에 종종 엄마 집에 가. 엄마를 보면 나는 엄마 뺨에 입을 대고 인사를 하면서 사랑한다고 말해. 엄마도 나한테 사랑한다고 해. 만약에 엄마가 내게 사랑한다는 말을 하지 않으면 마치 쓰레기통에 버려진 기분일 거야.

프레데릭   그런 일이 있었니?

조르당   그런 건 아니지만, 만약에 그런 일이 생기면 무척 슬플 것 같아요.

마티아스   나는 엄마랑 있으면 많이, 많이, 많이, 많이 어리광을 부려. 하루 종일 어리광을 부리고 계속 엄마 뺨에 입을 맞추면 절대로 내가 버림받았다는 생각이 들지 않아.

프레데릭   남녀 사이의 사랑으로 돌아가자. 남녀 사이에 사랑한다는 말이 무슨 뜻일까?

제나   남녀 사이에 사랑하는 건 크리스토프가 말했던 것과 같아요. 누군가를 보는 순간, 사랑한다는 것을 느끼는 거예요.

프레데릭   처음부터?

제나   반드시 그런 건 아니에요. 가끔은, 처음에는 몰랐지만 같이 놀면서 사랑하는 감정이 서서히 생기는 경우가 있어요. 그리고 어떤 아이를 사랑하는데 정작 그 아이가 나를 사랑하지 않는다면 슬퍼질 거예요. 울 수도 있어요.

프랑세스카   누군가를 사랑하게 되면 그 사람과 평생 함께 살고 싶어져.

리아   처음에는 사랑하지 않았던 사람도 시간이 지나면서 조금씩 사랑하게 되고, 자주 보면서 더 많이 사랑하게 될 수 있어.

조르당   유치원 다닐 때 나를 사랑하는 여자아이가 있었는데, 처음에는 그 애가 별로였어. 그러다가 언젠가 쉬는 시간에 그 애에게 마음이 있다는 말을 했어. 그런데 그때부터 그 애가 흥분해서 나한테 귀찮게 굴었어.

아이들이 웃는다.

엘리아   때로는 가장 친한 친구 둘이서 한 명의 남자아이를 사랑하는 경우가 있어. 그러면 어쩔 수 없이 친구 사이에 싸움이 일어나게 돼. 그건, 둘이 모두 한 남자아이를 사랑하기 때문이야.

크리스토프   나는 한 사람에게 너무 집착하면 안 된다고 생각해. 어느 날 그 사람이 우리를 더 이상 사랑하지 않거나, 그 사람이 죽으면 너무 슬퍼서 오랫동안 울게 될 테니까.

프레데릭   지금 너는 고통을 원하지 않는다면 지나치게 집착하지 말라고 말했어. 그렇지만 어느 정도는 집착해야 되지 않을까?

크리스토프   네. 그래도 지나치면 안 돼요. 저는 강아지한테 집착했었는데, 강아지가 죽은 뒤에 너무 슬펐어요.

프레데릭   내가 그런 주제로 책을 썼단다. 책 제목은 '수정 같은 마음'이야.

여러 아이   알아요.

어떤 아이   우리도 읽었어요.

프레데릭   주인공은 어린 소녀인데, 강아지가 죽자 그 아이가 이렇게 말한다. "앞으로 나는 절대로 강아지를 키울 수 없을 거야."

너무 고통스러웠기 때문이야. 그러자 할아버지가 이렇게 말해. "오히려 너는 마음을 더 열어야 돼." 사랑을 피하는 이유 가운데 하나는 우리가 고통을 두려워하기 때문이라고 말하고 싶어서 그렇게 썼단다. 사랑은 우리를 아프게 할 수 있어. 이 말에 동의하니?

아이들   예.

프레데릭   그래서 절대로 집착하지 말아야 할까?

아이들   아니요.

제나   어쨌든 크리스토프의 말처럼 너무 집착하지는 말아야 돼. 예를 들면, 마음에 깊은 상처가 있는 사람을 만날 때 그 사람에게 너무 집착하면 문제가 생겨. 헤어지거나 둘 사이에 무슨 일이 생기면, 그 사람이 고통을 이기지 못하고 죽을 우려가 있기 때문이야.

프레데릭   너는 사람이 자신의 감정을 다스릴 수 있다고 생각하니?

제나   네.

프레데릭   너희는 동시에 많은 친구를 가질 수 있다고 말했어. 그렇다면 우리는 동시에 여러 명의 애인을 가질 수도 있을까?

어떤 아이   네.

엘리아   나도 그렇게 생각해. 가끔 두 남자아이를 동시에 사랑할 수 있고, 한 남자아이가 두 여자아이를 사랑할 수도 있어.

제나   한 여자가 두 남자를 동시에 사랑할 수 있다는 말은 사실이야. 그렇지만 한 여자가 두 남자와 함께 외출할 수는 없어.

프레데릭 네가 지금 둘 사이의 구별을 통해서 중요한 말을 했구나. 여러 사람을 동시에 사랑할 수 있지만 한 사람하고만 외출할 수 있다고 했지. 이유를 설명할 수 있겠니?

제나 어떻게 설명해야 될지 모르겠어요.

프랑세스카 그건 둘 중 한 사람에게 고통을 줄 수 있기 때문이야. 우리는 이중적인 삶을 살 수 없어.

엘리아 한 남자가 두 여자를 사랑하는데 여자들은 그런 사실을 모르면, 남자는 친구 집에 간다고 거짓말하고는 다른 여자와 외출해.

프레데릭 남자들은 참 끔찍하구나!

아이들이 웃는다.

마리나 만약에 두 사람과 함께 외출할 기회가 생긴다면, 두 사람은 그동안 몰랐던 사실을 알게 되면서 싸우게 될 거야. 그리고 많은 이야깃거리가 생기겠지.

쥘리 어쨌든 우리는 두 사람과 함께 살 수 없어. 우리 몸을 둘로 나눌 수 없잖아.

제나 두 사람을 사랑한다 해도 정직하려면 어쩔 수 없이 둘 중에 하나를 선택해야 돼. 우리 마음속에는 어떤 하나를 다른 것보다 조금이라도 더 좋아하기 때문이야.

프레데릭 너희는 사랑 때문에 때로는 폭력적인 행동을 할 수 있다는 사실을 알고 있니?

프랑세스카 네. 어떤 사람을 사랑하는데, 그 사람이 다른 사람과 외출하면 미움이 생기니까요.

쥘리 어떤 남자아이와 사귀던 여자아이가 있었어. 그런데 어느 날 남자아이가 더 이상 사랑하지 않는다면서 다른 여자아이와 외출했어. 여자아이는 다른 여자아이를 죽이고 싶었어. 남자아이가 돌아오게 만들려고.

제나 한 여자 때문에 수먹다짐하는 남자들이 가끔 있어. 그러면 그 여자는 미칠 지경이 돼서 이렇게 말해. "모든 게 나 때문이야. 차라리 내가 목숨을 끊겠어." 그러지 않으면 두 남자는 서로 죽기 살기로 싸울 테니까.

루벤 우리 삼촌과 숙모가 헤어졌을 때 삼촌이 너무 화가 나서 숙모 차에 불을 질렀어.

프레데릭 그렇게 질투 때문에 폭력적일 때, 그리고 사람을 죽일 수 있을 때에도 그것이 여전히 사랑일까?

어떤 아이 아니요, 그건 증오예요.

프레데릭 그렇다면 사랑과 증오가 가까이 있는 이유가 무엇일까?

대답이 없다.

프레데릭 사람은 누군가를 사랑할 때 상대가 행복하기를 원한단다. 그러나 그 사람에게 집착하면 질투할 수 있고, 그 사람이 떠나면 미움이 생기고 마음이 크게 흔들릴 수 있단다. 따라서 너희가 말한 것처럼 사랑은 양면성을 지니고 있어. 이렇게 사랑은 복잡한 거다. 그러니 사랑에 대해서도 무턱대고 긍정적인 면만 볼 것이 아니라 깊이 생각해야 된단다. 사실은 너희의 삶 전체가 이처럼 모순된 감정에 사로잡힐 수 있단다.

진정한
친구란?

나는 사랑에 관한 주제로 브란도의 초등학교 4~5학년CM1-CM2 학급 아이들과 함께 철학교실을 진행했다. 그때 나눴던 많은 대화 내용 가운데 특별히 우정에 관한 부분을 발췌해서 여기에 인용한다. 나는 아이들이 애인과 친구, 그리고 애인과 동료 사이의 차이를 정확하게 구별한다는 사실을 알 수 있었다.

  특히, 그들이 우정에 대해서 말하는 것을 들으면서 깊은 감동을 받았다. 단순히 추상적인 생각이 아니라 아이들이 실제 겪었던 삶의 경험에서 비롯되었기 때문이다. 아이들은 우정에 매우 익숙할 뿐 아니라 일상적인 경험이기 때문에 자신의 생각을 수월하게 정리할 수 있었으며, 대부분이 토론에 참여하여 철학교실에 활력을 더했다.

프레데릭	마지막으로 우정에 대해서 짧게 이야기 나눌 수 있으면 좋겠구나. 친구란 무엇이지?
프랑세스카	남자 친구든 여자 친구든 상관없이 친구는 뭐든지 숨김없이 말할 수 있는 사람이에요.
나탕	친구는 진실하고, 언제든지 나를 도와줄 수 있는 사람이야.
에반	친구는 나를 사랑하는 사람이야.
프레데릭	맞다. 그렇지만 다른 사람, 예를 들면 엄마도 너를 사랑하지 않니?
에반	사랑해요.
프레데릭	그러면 친구와 무슨 차이가 있니?
에반	친구는 도움을 주는 사람이에요.
크리스토프	친구와 급우 사이에는 분명히 차이가 있어. 누구든지 학교에 다니면 급우가 있고, 학교에 가면 그들과 함께 놀아. 그렇지만 급우와 달리 친구에게는 무슨 말이든 솔직히 말할 수 있고, 내가 필요하다고 생각할 때 친구는 항상 나와 함께 있어. 친구는 형제와 비슷해.
제나	나는 꼭 그렇다고 생각하지 않아. 급우와 친구는 비슷해. 급우에게도 비밀을 말할 수 있어. 비밀을 숨김없이 말할 수 있다면 좋은 친구이며 좋은 급우야.
쥘리	나는 제나 생각에 동의하지 않아. 오히려 크리스토프 생각에 동의해. 급우를 좋아하고 함께 놀 수 있지만, 그에게 모

든 비밀을 다 말할 수는 없어. 반면에 친구는 말하는 모든 비밀을 지켜주는 사람이야. 힘든 순간에 친구는 형제처럼 항상 곁에 있어.

엘리아 나도 급우와 친구는 차이가 있다고 생각해. 하지만 크리스토프 생각과는 반대야. 급우는 언제나 볼 수 있는 게 아니지만 친구는 원하면 언제든지 볼 수 있어.

마티아스 급우는 쉬는 시간에 교실에서 함께 놀지만 친구는 우리 집에 올 수 있어.

크리스토프 나는 친구와 급우가 비슷하다는 제나 생각에 동의해. 그렇지만 둘 사이에 분명히 차이는 있어. 친구는 하나, 아니면 둘이고 아무리 많아도 셋이야. 반면에 급우는 천만 명도 가능해.

프레데릭 제나는 이것에 대해서 어떻게 생각하니?

제나 잘 모르겠어요.

쥘리 나는 크리스토프 생각에 동의해. 나한테 가장 좋은 친구는 제나야. 그다음에 제니, 사라, 블랑딘, 마리나를 비롯해서 초등학교 2학년CE1에 많은 급우가 있어. 나는 제나에게는 비밀을 숨김없이 다 말할 수 있어.

블랑딘 한 명의 친구란 내가 특별히 애착을 갖는 사람이야. 급우보다 훨씬 더 애착을 갖지. 이사를 가거나 전학하면 급우를 모두 잃을 수 있지만, 어디를 가든 친구는 잃지 않아.

"

친구는 진실하고,
언제든지 나를
도와줄 수 있는 사람이야.

"

_ 나탕(8세)

다음은 페즈나의 자크프레베르 공립초등학교 철학교실에서, 앞서 나온 아이들에 비해 나이가 조금 어린 초등학교 1~2학년6-7세, CP-CE1 아이들과 우정에 대해서 함께 나눈 대화에서 발췌한 내용이다.

프레데릭   친구란 무엇일까?

카트린   친구는 함께 즐거운 시간을 보내는 사람이에요.

미아   나에게는 좋은 친구가 있었어. 그 아이가 이랬을 때 그 아이를 도와주었어. 친구란 그런 사이라고 생각해.

라나   그래. 친구는 너를 위해서 있는 사람이고, 함께 많은 것을 나눌 수 있는 사람이야.

카푸신   친구가 된다는 것은 함께 있을 수 있는 거야. 슬플 때 서로 위로가 되고 함께 놀 수도 있는 사람이야.

로맹   나에게 친구란 가족과 같아.

마넬   함께 노는 거야. 우리는 친구와 함께 재미있게 놀아.

미아   나한테 친구는 마음의 자매 같고, 서로 깊이 사랑해서 영원히 함께 살고 싶은 사람이야.

아이들이 웃는다.

메이세   친구는 행복이고, 둘이서 함께 행복을 나누는 거야.

프레데릭   동시에 여러 친구가 있을 수 있을까?

대부분 "예"라고 대답한다.

프레데릭	모두 동의하니? 혹시 이 말에 동의하지 않는 사람이 있니?
어떤 아이	네.
다른 아이	아니요.
프레데릭	동시에 여러 친구를 가질 수 없다고 생각하는 사람 있니?
노라	나는 친구들이 많은 게 싫어. 그리고 친구가 나 말고 다른 친구와 친하게 지내는 게 싫어.
프레데릭	네 친구가 다른 친구들과 놀면 질투가 나니?
노라	네.
프레데릭	너는 우리가 많은 친구를 가질 수 없다고 생각해?
노라	가질 수 없다고 생각해요.
프레데릭	자, 그러면 이 말에 동의하지 않는 사람은? 많은 친구가 있는 게 더 좋다고 생각하는 사람?
카푸신	친구가 많은 게 더 좋아. 친구가 많으면 여러 면에서 더 많은 기회를 얻을 수 있어.
메이세	나도 친구가 많은 게 좋다고 생각해. 그래야 친구 중에서 한 명이 여행을 떠나도 다른 친구들과 놀 수 있으니까.
바스티앵	나도 노라 생각에 동의하지 않아. 친구는 많은 게 좋아. 그래야 친구들과 함께 어울리면서 새로운 친구를 만들 수 있잖아.
프레데릭	자, 노라야, 아이들이 하는 말을 들었지. 친구는 많은 게 좋다는 친구들 말에 너도 이제 동의하니? 아니면, 여전히 친구

는 한 명인 것이 좋다고 생각하니?

노라   전 친구는 한 명인 게 낫다고 생각해요.

프레데릭   지금부터 2,500년 전에 그리스 아테네에 아리스토텔레스라는 철학자가 살았단다. 그가 아름다운 책을 썼는데, 그 책은 우정에 관한 내용을 담았어. 책에서 아리스토텔레스는, 한 명의 친구란 특별히 선택하는 것이고, 다른 사람보다 더 좋아하는 사람이며, 그와 함께 많은 것을 함께하기 위해서 가능하면 자주 보기를 원하는 사람이라고 밀했어. 니희는 이 말에 동의하니?

대부분 "네"라고 대답한다.

인간은
다른 동물들과 같을까?

인간에 대해 깊이 생각하기 위해서는 다른 동물과의 비교 이상의 좋은 방법이 없다! 철학적인 문제 제기는 명증성과 선험을 넘어서 우리 자신에 대해서 스스로 물을 수 있게 한다. 우리 인간 종과 다른 동물 종 사이의 비교는 인간에 대한 객관적인 성찰에 유리한 자료를 제공한다.

이런 관점에서 나는 인간과 동물의 차이에 관한 문제를 다루는 철학교실을 인도했다. 알프스 무앙사르투에 있는 프랑수아자코브 공립초등학교 4~5학년8-11세, CM1-CM2 학급에서 진행되었던 철학교실의 거의 전체 내용이다.

프레데릭　　너희가 생각하기에 사람과 동물 사이에 차이가 있니?

테스   제가 생각하기에는 전혀 차이가 없어요. 사실상 인간은 가
장 지적인 동시에 가장 동물적이기 때문이죠.

아이들이 웃는다.

프레데릭   네 생각을 조금 더 자세하게 말해줄 수 있겠니?

테스   우리는 가장 발달된 동물이라는 거예요. 우리는 서서 걷고,
다른 짐승에 비해서 많은 것을 가지고 있어요. 하지만 그 외
에는 짐승과 별로 차이가 없어요.

엘로디   테스, 나도 네 생각에 동의해. 네가 한 말이 사실이야. 우리
주변에는 짐승 같은, 정말로 짐승 같은 사람들이 있어. 그
외에, 예를 들면 과학자처럼 매우 지성적인 사람이 있지만,
그것은 아마 다른 동물에 비해 지능이 발달되었기 때문일
거야. 짐승은 우리에 비해서 어떤 면에서는 분명히 덜 발달
했지만, 각각의 동물은 자신의 특수성을 지니고 있어. 예를
들면 당나귀는 사람보다 멀리 볼 수 있는 시력이 있고, 치타
는 아주 높이 뛰어오르는 능력이 있어.

세바스티앵   나도 비슷하다고 생각해. 선사시대의 인간은 짐승과 거의
같았어. 사실상 우리는 동물에 속하는 거야.

자나   인간과 동물은 비슷해. 종은 서로 달라도 각각 자신의 언어
를 갖고 있기 때문이야.

미아   나는 그렇게 생각하지 않아. 사람과 짐승은 결코 같을 수
없어.

프레데릭	미아, 네가 지금 한 말을 논리적으로 설명할 수 있겠니?
미아	예를 들면, 어떤 사람에게 자기 아이와 강아지가 있을 때, 강아지가 못된 짓을 하면 주인은 강아지에게 심하게 대할 수 있지만, 아이에게는 그렇게 대할 수 없어요.
프레데릭	너는 지금 인간과 동물은 법적으로 동등한 지위가 아니라는 말을 하는 거니?
미아	바로 그거예요. 인간은 동물에 비해서 훨씬 많이 보호받아요. 사람과 동물의 가치가 분명히 다르기 때문이죠.
엔조	나는 네 말에 동의하지 않아, 미아. 네가 말한 건, 인간이 자기 판단에 따라 동물보다 우월하다고 스스로 생각하기 때문이야. 우리가 동물보다 우수하고, 동물이 갖지 못한 권리를 지니고 있다고 말하는 건 우리 자신이야. 하지만 그런 주장만으로는 우리가 동물보다 우월하다는 증거가 되지 못해!
로뱅	나도 엔조 생각에 동의해. 근본적으로 우리는 짐승과 비슷해. 우리 역시 동물에 속하기 때문이지. 우리는 단지 다른 동물들과 종이 다를 뿐이야.
프레데릭	다른 종이라고?
로뱅	네, 특별한 종이죠. 인간은 다른 종을 다스릴 수 있는 종이니까요.
테스	미아가 했던 말로 돌아가서 말하면, 나는 인간과 짐승이 차

"

인간은 결코 만족하지 않아요.
인간은 언제나 더 많은 것을 원해요.

"

_테스(10세)

이가 있다는 말에는 동의해. 하지만 쾌락을 위해서 생명을 죽일 수 있는 건 인간이야. 반면에 짐승은 쾌락 때문이 아니라 단지 먹기 위해서, 또는 자신의 생명을 보호하기 위해서 죽이는 거야.

마엘　나는 동의하지 않아. 동물도 우리와 거의 비슷하다고 생각해. 다만 우리 스스로가 다른 동물들보다 우월하다고 생각하는 것뿐이야.

프레데릭　그건 방금 엔조가 했던 말이다.

마엘　우리는 남매예요.

엔조　쌍둥이예요.

프레데릭　그래서 생각이 같구나. 그거야말로 정확한 이유다!

아이들이 웃는다.

오렐리앵　나는 거의 비슷하다고 생각하지만, 그래도 분명히 차이가 있어.

프레데릭　그게 무엇이니?

오렐리앵　예를 들어 늑대와 사람을 원시 자연 속에 풀어주었다고 가정하면, 둘은 똑같이 행동하지 않아요. 늑대는 사람보다 강한 생존 본능이 있기 때문에 오랫동안 굶지 않고 쉽게 먹을 것을 찾을 수 있어요. 하지만 사람은 자연에서 살아남지 못하고 쉽게 단절돼요. 인간은 세상에서 사치스럽게 살지만 자연에서는 살아남지 못해요.

밥티스트	사람과 동물은 절대로 같지 않아. 사람은 자동차를 만들 수 있지만 다른 동물은 만들지 못하잖아.

아이들이 웃는다.

마랭	나는 밥티스트 생각에 동의하지 않아. 예를 들어, 네가 아프리카에 가면 돌로 무기를 만드는 원숭이를 보게 될 거야. 그건 짐승도 사람처럼 물건을 만드는 능력이 있다는 증거야.
밥티스트	나는 자동차를 예로 들었어! 너는 원숭이가 자동차를 만드는 걸 본 적 있어?
엘로디	나는 네 말에 동의하지 않아, 밥티스트. 예를 들어 말하면, 각각의 종은 자기가 살 집을 지어. 우리는 나무와 돌로 집을 짓지만, 개미는 개미집을 짓고 새는 새집을 지어. 개미집과 새집을 지으려면 집을 짓기 위한 동기가 필요해. 그건 결코 간단한 일이 아니야. 각자는 자기 방식으로 필요한 것을 만드는데, 그것은 분명히 지성이 있기 때문이야.
샬리	맞아! 개미집은 아주 복잡해. 개미는 우리와 같은 집을 짓지 않지만, 개미의 집 짓기도 간단한 일이 아니야.
엔조	나는 밥티스트와 마랭의 의견에 대해 말할게. 짐승, 예를 들면 원숭이는 도구를 만들어서 자신의 생활을 용이하게 만들 뿐 아니라 점점 우리 인간처럼 변할 거야. 언젠가 원숭이도 고기를 구울 수 있을 테고, 시간이 더 지나면 다른 동물들도 우리처럼 변하게 될 거야.

프레데릭 너는 인간과 짐승의 본성에 근본적인 차이가 없고, 각각의 종은 다만 시간과 수준의 차이가 있을 뿐이라고 말한 거니?

엔조 바로 그거예요.

미아 나는 밥티스트 생각에 전적으로 동의해. 짐승은 절대로 인간과 같은 것을 만들 수 없어. 분명히 차이가 있지만 어떻게 설명해야 될지 모르겠어.

마엘 밥티스트가 말한 건 사실이야. 짐승은 절대로 인간과 같은 지성이 없어.

프레데릭 우리와 같은 특별한 지적 능력이 없다는 말이니, 아니면 지적 능력이 전혀 없다는 말이니?

마엘 짐승들은 본능적으로 무엇을 만들어요. 하지만 인간은 무슨 쓸모가 있는지 항상 생각하면서 만들어요. 인간의 지적 능력은 삶에 반드시 필요하지 않은 것까지도 만들 수 있지만, 짐승은 다만 생존을 위해 만들어요.

프레데릭 아주 흥미로운 지적이구나. 다른 사람들은 마엘의 말에 대해서 어떻게 생각하니?

테스 그건 사실이에요. 우리는 편하게 살기 위해서뿐만 아니라 무언가 새로운 것을 발견하기 위해서 생각해요. 그래서 인간은 무언가를 발견해도 거기 멈추지 않고 더 멀리 가기를 원해요. 더 멀리.

프레데릭 인간은 결코 만족하지 않는다?

"

우리는 짐승과 달리
일종의 무한 경쟁에 빠져 있어.
가장 부자가 되고, 최상이 되고,
가장 뛰어난 능력을 지니고자 하는.
하지만 사실 그건 아무 쓸모가 없어.

"

_로뱅(11세)

테스　그래요. 인간은 결코 만족하지 않아요. 인간은 언제나 더 많은 것을 원해요.

엔조　나는 다른 동물도 우리와 비슷하다고 생각해. 동물에게 시간을 주면 어떤 동물은, 예를 들면 원숭이나 돌고래는 오늘날 우리가 가지고 있는 호기심과 지성의 형태를 새롭게 발전시키게 될 거야.

로뱅　나는 테스 말에 동의해. 우리는 짐승과 달리 일종의 무한 경쟁에 빠져 있어. 가장 부자가 되고, 최상이 되고, 가장 뛰어난 능력을 지니고자 하는. 하지만 사실 그건 아무 쓸모가 없어. 우리는 자동차를 비롯해서 수많은 것을 만들지만, 그런 물건들이 차라리 없었다면 세상은 더욱 살기 좋았을 거야.

폭력에 폭력으로
맞서야 할까?

더불어 사는 삶, 존중, 정의, 권위 등의 다양한 주제로도 철학교실이 진행되었다. 이런 주제에 대한 문제의식과 문제 제기는 매우 중요하다. 우선, 도덕과 사회생활의 토대를 세우기 위한 건설적인 토론을 가능하게 해준다. 또한 책임의식을 지닌 시민을 양성하는 도덕과 시민교육이 다양하고 새로운 시대 흐름의 중심에 있기 때문이다. 하지만 여기서는 주입식 교육이 아니라 자유로운 담론의 관점에서 주제에 접근했다. 이를 위한 어떤 시도는 헛되거나 서투르게 보이지만, 아이들이 다른 사람의 의견에 견주어 자신의 생각을 표현하게 한다는 점에서 토론이 일방적인 주입식 교육보다 훨씬 효과적이라는 것을 알 수 있었다.

이런 주제를 다루었던 두 번의 철학교실에서 발췌한 내용을 소개한다. 첫 번째는 코르시카섬에 있는 브란도 마을의 공립초등학교 2~3학년CE1-CE2 과정 아이들과 함께했다.

> **프레데릭** 지난번에 우리는 개인의 행복에 대해서 말했지. 오늘은 더 불어 사는 삶, 이를테면 공생이라는 주제에 대해서 말하려고 한단다. 사람이 더불어 살며 함께 행복하기 위해서는 무엇이 필요할까?
>
> **카미유** 외로운 아이들이 있으면 그냥 내버려두지 말고 함께 놀아 줘야 해요.
>
> **프레데릭** 그래. 그렇게 다른 아이들에게 관심을 갖는 것을 뭐라고 말하지?
>
> **루** 친절이요.
>
> **프레데릭** 그렇다면, 우리가 다른 사람과 함께 행복하게 살려면 다른 사람에게 친절해야 된다는 말이구나.
>
> **쥘리앵** 그 말은 다른 사람과 화합하라는 건가요?
>
> **프레데릭** 화합한다는 말이 무슨 뜻이지?
>
> **쥘리앵** 다른 사람과 함께 살면서 그들에게 힘든 문제가 있을 때 돌보는 거예요.
>
> **시아라** 그건 공동체에서 다른 사람을 배려하는 것과 비슷해. 예를 들면, 내가 아파트 계단에서 너무 시끄럽게 해서 도저히 잠을 잘 수 없다고 이웃에 사는 아줌마가 여러 번 나를 야단쳤

어. 그래서 나는 아줌마 의견을 존중해서 더 이상 계단에서 떠들지 않았어. 그렇게 우리는 다른 이웃을 존중해야 해.

프레데릭 방금 시아라가 존중이라는 말을 했다. 존중이라는 말이 무슨 뜻인지 알고 있니?

테오 다른 사람을 돕는 거예요.

프레데릭 너희도 존중이 다른 사람을 돕는다는 뜻이라는 말에 동의하니?

대부분 "아니요."라고 대답한다.

프레데릭 그렇다면 존중에 대한 너희 생각은 같지 않구나. 그래, 다른 사람을 돕는 것은 물론 좋은 것이지만 존중은 그것과 의미가 조금 다른 거야.

시아라 존중은 조금 전에 내가 했던 말과 같은 거야. 예를 들면, 머리가 아픈 사람이 있는데 다른 사람이 시끄럽게 떠들면 그 사람에게 해가 돼. 그러면 우리는 그 사람을 존중해서 떠들지 말아야 해.

어떤 아이 하지만 나는 머리가 아플 때 오히려 누가 곁에서 떠드는 게 좋아.

아이들이 웃는다.

프레데릭 그래?

같은 아이 그러면 오히려 저는 머리가 아프지 않아요.

마티스 존중이란 다른 사람을 때리지 않는 거야.

쥘리앵	그리고 다른 사람을 놀리지 않는 거야. 축구 시합을 할 때 가끔 흑인을 조롱하는 인종차별주의자들을 볼 수 있어. 그건 상대를 존중하지 않는 거야.
프레데릭	아주 좋은 지적이다. 그렇다면, 왜 다른 사람을 존중해야 하지?
마티스	친구를 갖기 위해서요.
토마	다른 사람을 슬프게 만들지 않기 위해서야.
마티스	우리를 존중하는 사람도 있지만, 존중하지 않는 사람도 있어. 그 사람이 우리에게 못되게 굴면 부모님이 따지려고 학교에 오셔. 그리고 경찰을 부르면 그 사람은 감방에 가.

아이들이 웃는다.

프레데릭	다른 사람에 대한 존중을 어떻게 배울 수 있지?
토마	다른 사람이 나를 존중하게 만들려면 나부터 다른 사람을 존중해야 돼요.
앙투안	맞아, 다른 사람이 우리를 존중하지 않더라도 그와 상관없이 우리는 그를 존중해야 돼. 그래야 그 사람도 우리를 존중할 마음이 생길 테니까. 이렇게 먼저 그를 존중할 때 그도 존중할 마음을 갖게 될 거야.
쥘리앵	나도 앙투안 생각에 동의해. 그렇지만, 나를 존중하지 않는 사람을 나만 존중하려고 무턱대고 가만히 있지는 않을 거야.

테오   나도 쥘리앵 생각에 동의해.

어떤 아이   나도 그래.

나튀렐   나도 쥘리앵과 생각이 같아. 우리를 존중하지 않는 사람이
         있을 때, 우리는 무턱대고 그를 존중하면 안 돼. 그 사람도
         존중받지 않는다는 것이 무엇인지 알아야 스스로 고치게
         될 테니까.

앙두안   나는 부분적으로 쥘리앵 생각에 동의해. 사실 쥘리앵 말이
         맞아. 왜냐하면, 내가 계속해서 존중하는데도 나를 존중하
         지 않는다면 아마 나도 그를 존중하지 않게 될 테니까. 그렇
         지만, 나중에라도 나를 존중하기 시작하면 비록 만족스럽지
         는 못해도 그를 존중하는 것이 좋다고 생각해.

프레데릭   네 말은, 그 사람이 변하면 존중할 수 있지만, 변하지 않고
         계속 너를 존중하지 않으면 너 역시 그를 존중하지 않으면
         서 너 자신을 지키겠다는 말이다. 그런데, 어떻게 너를 지키
         겠니?

마티스   계속 괴롭히면 경찰을 불러야 돼요.

앙투안   맞아. 계속 괴롭히면 경찰을 부르지 않을 수 없어. 그리고
         경찰에게 사실을 모두 말해야 돼.

마티스   어떤 아이가 우리를 괴롭혀도 우리는 그를 때리면 안 돼. 그
         러면 우리가 감방에 가게 되니까.

어떤 아이   그래도 경찰을 부르기 전에 어떤 식으로든지 자신을 보호

해야 돼.

프레데릭 그래, 자신을 보호해야 된다는 말은 옳다. 그렇다면, 너는 자신을 보호하기 위해서 폭력에는 폭력으로 대응해야 된다고 생각하니?

앙투안 폭력에 폭력으로 맞서면 안 돼요. 그렇게 하면 싸움이 더 커지니까요. 차라리 어른이나 경찰을 부르는 게 좋아요.

프레데릭 요약하자면, 어떤 사람이 못살게 굴면 우리는 그의 잘못을 지적할 수 있다. 그렇지만 어떤 경우에는, 예를 들어 심각한 상황에서는 법의 도움을 받기 위해 경찰을 불러야 한다. 그런데, 너희는 법이 무엇이라고 생각하지?

앙투안 테러리스트는 법을 존중하지 않고 이유 없이 사람을 죽여요. 그건 법이 아니에요. 우리에겐 그렇게 행동할 수 있는 권리가 없어요.

프레데릭 그러면 법이란 사람을 죽이지 않는 거라고 생각하니?

쥘리앵 법은 폭력을 막는 거예요.

프레데릭 그래, 그런데 법은 누가 만들지?

어떤 아이 대통령!

프레데릭 아니, 법은 대통령이 만드는 것이 아니란다.

쥘리앵 우리가 사는 동네의 시장이요.

프레데릭 그것도 아니야.

앙투안 2 경찰이요.

66

세상에 사는 어떤 사람도
항상 옳을 수는 없어.
어떤 사람도 모든 것을 다 알 수 없고,
스스로 정의를 실천하고 싶어도
때로는 우리 생각이 틀릴 수 있어.

99

_니농(8세)

프레데릭   아니, 경찰은 법을 만드는 사람이 아니라 법을 지키는 사람이다. 그러면 법은 누가 만들까?

앙투안   국가요!

다음은 퐁트네수부아의 빅토르뒤리 공립초등학교 2~3학년7-9세, CE1~CE2 아이들과 함께 진행했던 철학교실 내용이다.

프레데릭   너희는 스스로 정의로울 수 있다고 생각하니?

루이   아니요.

프레데릭   왜 아니라고 생각하지?

루이   정의에 대해서 모든 것을 알지 못하고, 때로는 미처 깨닫지 못하는 사이에 불의를 저지를 수 있기 때문에 우리 스스로 정의로울 수는 없어요.

가뱅   나는 그럴 수 있다고 생각해.

프레데릭   왜 그렇게 생각하니?

가뱅   이유는 몰라요.

프레데릭   이유에 대해서 깊이 생각해보자. 철학할 때 무엇보다 이유를 제시할 수 있어야 된다. 그런데 여기에서 말하는 이유는 단지 생각이나 느낌이 아니야. 그렇게 말할 수 있는 정당한 이유, 다시 말해 논리적인 근거를 찾아야 돼. 그다음에 너희의 주장과 논거를 비교할 수 있거든. 너는 왜 스스로 정의로울 수 있다고 생각하니?

가뱅 ·······.

로낭 저도 스스로 정의로울 수 있다고 생각해요. 우리는 무엇이 옳지 않은지 알고 있고, 우리 스스로를 고칠 수 있으니까요.

프레데릭 동의한다.

마티스 나는 로낭 말에 동의하지 않아. 우리가 늘 옳지는 않기 때문이야.

니농 나도 루이나 마티스와 생각이 같이. 세상에 사는 어떤 사람도 항상 옳을 수는 없어. 어떤 사람도 모든 것을 다 알 수 없고, 스스로 정의를 실천하고 싶어도 때로는 우리 생각이 틀릴 수 있어.

프레데릭 조금 다른 차원에서 질문해볼까? 너희는 폭력에 폭력으로 대응하는 것이 좋다고 생각하니?

니사르 아니요. 이유는, 사람을 때리는 것이 좋지 않기 때문이고, 폭력으로 맞서는 것보다 말로 푸는 것이 좋기 때문이에요.

프레데릭 아직까지 한 번도 말하지 않은 사람 있니?

롤라 나도 아니라고 생각해요. 문제가 있다면 싸우기보다 어른에게 말하는 게 낫기 때문이에요. 종종 우리는 폭력에 폭력으로 대응하려고 하지만, 사실 그건 아무 문제도 해결할 수 없어요.

프레데릭 그렇다면, 지금 너희는 폭력으로 폭력을 해결하려고 하면

도리어 사태를 악화시킬 뿐이라는 말이지?

루이 상대를 때리는 것보다 말로 하는 게 좋아요. 다른 사람을 때리면 우리는 점점 사나운 짐승처럼 거칠어지지만, 심하게 다투기 전에 말로 하면 싸우지 않고 깊이 생각하는 데 도움이 돼요.

티보 때리는 건 좋지 않아. 그렇게 하면 더 큰 싸움이 벌어지기 때문이야.

로낭 맞아. 처음에는 주먹질로 싸움하다가 나중에는 흉기를 들게 될 거야. 그건 분명히 나쁜 생각이야.

샤를로트 아니야, 그건 나쁜 생각이기보다 바보처럼 어리석은 짓이야.

프레데릭 그게 왜 어리석은 거지?

샤를로트 남을 때리면 다른 사람도 똑같이 나를 때리기 때문이에요.

가스파르 나도 아니라고 생각해. 일단 한번 때리면 또 때리게 되고 그러다 보면 결국 감방에 가게 되기 때문이야.

시도니 때리는 건 어떤 것도 해결하지 못해. 하지만 말로 하면 얼마든지 상황을 바꿀 수 있어.

프레데릭 말로 하면 무엇을 변화시킬 수 있다는 말이니?

시도니 평화를 얻을 수 있어요.

니농 맞아. 그렇지만 가끔은 말로 하는 것이 때리는 것보다 더 나쁜 경우가 있어. 말로 한다고 해도 아무 말이나 하지 말아야 돼. 거칠게 말하지 말고, 말로 한다고 하면서 상대에게 모욕을 주면 안 돼.

프레데릭   너희는 대부분 같은 말을 했다. 다시 말해 폭력에 폭력으로 맞서지 말라는 거지. 폭력은 아무 쓸모 없이 도리어 갈등을 부추기며, 심한 싸움을 일으키고 더욱 심각한 문제를 만든다는 거야. 따라서 너희는 폭력이 아니라 대화하는 것이 낫다고 말했어. 그리고 니농, 너는 말을 할 때에도 상대방의 마음에 상처를 주거나 말로 더욱 심한 갈등을 부추기지 않도록 조심해야 된다고 말했지. 그렇게 했는데도 해결되지 않는다면, 다시 말해 상대가 여전히 폭력적이라면 어떻게 대처할 수 있다고 생각하니?

앙통   그렇게 해도 여전히 해결되지 않으면 때릴 수도 있어요.

클라라   아니야. 차라리 어른에게 말해서 문제를 해결하는 것이 좋아.

롤라   맞아, 어른에게 말하는 것이 좋아. 그러면 단번에 해결될 거야.

가뱅   나도 롤라와 클라라 말에 동의해. 때리는 것보다 어른에게 말하는 게 낫다고 생각해.

니농   다른 아이와 문제가 있을 때는 어른에게 말하면 될 거야. 그렇지만 어른과 문제가 있을 때는 서둘러 경찰에 알려야 돼.

프레데릭   경찰이 무엇 때문에 존재한다고 생각하니?

니농   사람들이 위험에 빠지지 않도록 지켜주기 위해서요. 우리를 때리거나 위협하는 사람, 또는 돈을 빼앗으려는 사람이나 우리에게 해서는 안 될 짓을 하려는 사람이 있으면 서둘러 부모님에게 말하거나 경찰에 알려야 돼요.

노에   나는 경찰을 부르는 게 가장 좋다고 생각해. 프랑스에는 많은 문제가 일어나고 있지만, 사실 경찰 외에 다른 방법으로는 문제를 해결할 수 없어.

루이   나는 오히려 앙통 말이 옳다고 생각해. 나를 때리려는 사람과 막다른 골목에서 만난다면 우선 힘으로 자신을 지켜야 돼. 사건이 일어난 다음에야 경찰을 부르게 될 테니까……. 경찰을 부르기 전까지는 다른 선택이 없어. 당장은 자신의 힘으로 자신을 지켜야 돼.

프레데릭   그러니까 루이, 네 말은 상황에 따라 다르다는 거구나.

앙통   우리를 도와주는 사람이 항상 곁에 있다면 자신을 지키기 위해서 우리가 유도를 배울 필요가 없잖아?

프레데릭   물론 다른 해결책이 없다면 스스로 자신을 지켜야 된단다.

티보   저도 그렇게 생각해요. 총을 가지고 있는 사람과 막다른 골목에서 맞닥뜨렸을 때 우리는 유도로 스스로를 지킬 수 있을 거예요.

프레데릭   총에 맞서 유도로 큰일을 할 수는 없겠지만, 좋아……. 왜 안 되겠니?

아이들이 웃는다.

로라	빨리 도망쳐요, 그러면 돼요.
프레데릭	그래, 가장 좋은 방법은, 할 수 있다면 재빨리 도망치는 거다. 자, 그러면 너희는 어쨌든 폭력에 폭력으로 대응하지 말아야 한다는 주장에 대부분 동의했어. 또한 너희는 법을 지키기 위해서 존재하는 경찰의 중요성에 대해서도 말했지. 이제 너희에게 다른 질문을 할게. 지금까지와는 다른 내용이지만, 이 주제와 관계가 있는 질문이란다. 너희는 권위가 필요하다고 생각하니?
니농	네. 권위가 없다면 곳곳에서 싸움이 일어나고, 갈등이 생기고, 죽는 사람들이 생길 거예요. 우리 학교에서도 하루에 26명이 죽을 거예요.
	아이들이 웃는다.
프레데릭	좋아, 니농. 그런데 너는 낙관주의자구나!
	아이들이 웃는다.
프레데릭	그렇다면 권위란 게 무엇일까?
니농	권위는 규범을 존중하기 위한 거예요. 사람을 죽이지 않게 하고, 빼앗지 않게 하고, 훔치지 않게 하는…….
프레데릭	그런 것을 뭐라고 부르지?
니농	법이요?
프레데릭	법이라고? 좋아, 법이라, 좋아. 계속 말해보렴.
루이	나는 부분적으로 니농의 말에 동의하지만 전적으로 동의하

"

다른 사람이
우리를 존중하지 않더라도
그와 상관없이 우리는 그를 존중해야 돼.
그래야 그 사람도 우리를
존중할 마음이 생길 테니까.
이렇게 먼저 그를 존중할 때
그도 존중할 마음을 갖게 될 거야.

"

_앙투안(7세)

지는 않아. 법이 있고 권위가 있다 해도 절도, 폭력, 강도를 절대로 멈추게 할 수 없기 때문이야.

니농　　그래, 하지만 그런 것이 계속되는 것보다는 절반이라도 멈추게 하는 게 좋아.

루이　　하지만 그런 것을 완전히 멈추게 할 수는 없을 거야.

프레데릭　너는 법이 쓸모없다는 말을 하려는 거니?

루이　　아니요.

프레데릭　그렇다면 네가 말하려고 하는 것은, 법은 필요하지만 그것만으로 충분하지 않다는 것이니?

루이　　네.

프레데릭　그렇다면 우리가 사는 세상을 개선하기 위해서 법 이외에 다른 무엇이 필요할까?

루이　　우리는 절대로 세상을 개선할 수 없을 거예요.

프레데릭　너는 어떤 해결책도 없다고 생각하니?

루이　　없어요.

프레데릭　너희도 루이 생각에 동의하니?

클라라　아니요. 대화를 해야 돼요. 문제가 생겼다고 서로를 죽이려 들기 전에 일어난 문제에 대해 상대에게 충분히 설명해야 돼요.

가뱅　　모든 사람이 행복해야 돼. 그러면 사람 사이에 갈등이나 폭력이 없을 거야.

프레데릭   아, 가뱅이 무척 흥미로운 말을 했구나. 너희는 가뱅의 말에
          대해서 어떻게 생각하니?

롤라   저는 별로 동의하지 않아요. 모든 사람을 행복하게 할 순 없
          어요! 모든 사람이 행복하고 전쟁이 없다는 것은 아름다운
          일이지만 동시에 불가능한 일이기도 해요.

프레데릭   17세기에 살았던 위대한 철학자가 있단다. 그의 이름은 스
          피노자인데, 가뱅과 거의 같은 말을 했어. 그가 말하기를,
          세상의 모든 사람이 자신의 슬픈 감정과 열정, 말하자면 두
          려움, 분노, 욕망, 질투 등을 극복하기 위해 노력한다면 모
          두가 기쁨을 누릴 수 있으며, 세상에 갈등은 사라지게 된다
          는 거야.

루이   저는 그 말에 동의하지 않아요. 만약에 도둑이 죽이고 도
          둑질하고 해서 행복하다면, 어떤 문제도 해결되지 않을 거
          예요.

티보   게다가 행복하기 위해서 우리가 가진 모든 것을 다른 사람
          에게 준다고 해도 세상에는 여전히 행복하지 않은 사람이
          있기 마련이야.

클라라   나도 그렇게 생각해. 모든 사람이 행복한 세상은 불가능해.
          모든 사람이 자기가 원하는 것을 소유할 수는 없기 때문이
          야. 그리고 나는 루이 생각에 동의. 만약에 도둑에게는 도
          둑질이, 테러리스트에게는 사람을 죽이는 것이 행복이라면,

결국 개인의 행복이 어떤 문제도 해결할 수 없을 테니까.

프레데릭   가뱅, 네가 대답하겠니?

가뱅   그렇지만 아주 가난한 사람과 지나치게 부유한 사람이 있기 때문에 세상에 갈등이 있는 거야. 분배를 잘하면 갈등과 폭력이 많이 줄어들 수 있어.

마티스   가뱅, 나도 네 말에 동의해. 부자들이 가난한 사람들을 더 많이 도우면 가난한 사람들이 행복해질 수 있고, 그러면 세상에서 폭력이 많이 줄어들 거야.

노에   나는 행복해지는 것이 그렇게 간단하다고 생각하지 않아. 우선, 행복은 돈 문제만이 아니야.

프레데릭   가뱅이 중요한 두 가지 생각을 말했구나. 하나는, 사람이 더욱 행복해지면 갈등이 그만큼 줄어든다는 것이다. 다른 하나는, 더욱 많은 것을 나누면 갈등은 그만큼 적어진다는 것이다. 나는 조금 다른 생각으로 동일한 주제에 접근하려고 하는데, 너희는 교육으로 세상을 개선할 수 있다고 생각하니?

가스파르   네. 예를 들면 테러리스트들은 학교에 가지 않았어요. 만약에 그들이 학교에 갔더라면 아마 테러리스트가 되지 않았을 거예요.

니농   맞아, 나도 교육이 도움을 줄 수 있다고 생각해. 나는 행복하기 위해서 반드시 돈이 있어야 한다고 생각지지는 않아.

그것보다 아름다운 미소가 필요해. 다른 사람에게 아름다운 미소를 보여주면 그것만으로도 주변에 있는 모든 사람을 미소 짓게 만들 수 있으니까.

클라라 나도 니농 생각에 동의해. 우리 주변에 행복한 사람이 많아지게 하기 위해서 우리가 어떤 것을 할 수 있다면, 아주 좋을 거야.

앙통 사실 나는 가뱅 생각에 동의해. 자신의 인생을 정말 사랑하고 행복하다면, 다른 사람에게 못된 짓을 하고 싶은 마음이 없어질 거야. 테러리스트들이 살인을 좋아하는 이유는, 그들이 삶을 사랑하지 않고 행복하지 않기 때문일 거야.

프레데릭 정확히 그것이 스피노자와…… 가뱅이 했던 말 그대로다!
아이들이 웃는다.

프레데릭 마지막으로 나는 너희에게 간디가 했던 말을 전해주려고 하는데…… 너희는 간디가 누구인지 아니?
대부분 "아니요"라고 대답한다.

프레데릭 간디는 20세기에 인도에 살았던 현인인 동시에 위대한 정치인이란다. 인도의 독립에 크게 기여한 간디는 영국에 맞서면서도 동시에 '비폭력'을 주창한 위대한 평화주의자였지. 그가 이런 말을 했단다. 세상의 변화를 바라기 전에 "당신이 먼저 세상에서 원하는 변화가 되라"고. 이 말에 대해서 너희는 어떻게 생각하니?

니농	간디 말이 맞아요. "조용히 해"라고 말해놓고 정작 자기는 떠든다면, 다른 사람에게 변화를 요구하면서 자신은 그렇게 하지 않는 거예요. 그것은 옳지 않아요.
가뱅	나도 간디 말에 동의해. 자기가 하는 일을 좋아하지 않기 때문에 불행한 사람이 있다면, 자신의 생각을 변화시키면 행복해질 수 있을 테니까. 다른 사람을 섣불리 판단하기 전에 자기가 먼저 변화하는 것이 중요해.
샤를로트	나도 간디 주장에 동의해. 모든 사람이 변하면 결국 모든 사람이 행복해져서, 갈등도 전쟁도 사라지기 때문이야.
앙통	하지만 현실은 그렇게 간단하지 않아. 네가 세상을 변화시키고 싶고, 테러리스트들이 존재하지 않기를 원해도…… 그걸 어떻게 할 수 있어?
프레데릭	간디는 그 해결책을 아까 우리가 말했던 법에서 찾았단다. 간디는 '법은 결코 충분하지 않지만 반드시 필요한 것이다'라고 생각했지. 하지만 무엇보다 사람들이 변해야 된다고 생각했단다. 너희는 사람들이 변하면 세상이 변한다는 말에 동의하니?
앙통	네, 그렇지만 사람이 어떻게 변할 수 있어요?
프레데릭	우리는 조금 전에 교육에 대해서 말했지. 교육이 해결책이 될 수 있지 않을까?
마야	아이들을 낳아서 잘 교육시키면, 나중에 아무 짓이나 저지

66

자신의 인생을 정말 사랑하고
행복하다면 다른 사람에게
못된 짓을 하고 싶은 마음이 없어질 거야.
테러리스트들이 살인을 좋아하는 이유는,
그들이 삶을 사랑하지 않고,
행복하지 않기 때문일 거야.

99

_앙통(7세)

르는 어른은 절대로 되지 않을 거야. 다른 사람을 죽이는 사람들은 아마 제대로 교육받았던 적이 없을 거야.

니농　　나는 차라리 앙통의 말이 맞는 것 같아. 살인자나 도둑은 법에 전혀 신경 쓰지 않아. 간디는 그들에게도 변하라고 말하겠지만, 그들은 절대로 변하지 않아.

프레데릭　그래, 하지만 마야가 말한 것은 조금 다른 의미 같구나. 그들이 아이였을 때 일찌감치 교육을 잘 시켰다면 그들도 변화될 수 있었다는 말이란다.

니농　　맞아요. 부모가 그들을 제대로 교육시키지 못했고, 제멋대로 행동하게 내버려두었기 때문에 잘못된 게 사실이에요.

로낭　　그들이 어릴 때 우리처럼 명상을 배웠다면 분명히 폭력적인 사람이 되지 않았을 거야. 명상으로 마음의 평안을 얻을 수 있고, 용서하려고 노력하는 방법을 배울 수 있다고 생각해. 누군가를 용서하면 복수할 마음이 사라지니까, 세상에 폭력이 훨씬 줄어들 거야.

가스파르　나도 로낭 말에 동의해. 모든 사람이 명상을 배운다면 훨씬 살기 좋은 세상이 될 거야.

믿는 것과 아는 것의
차이는 무엇일까?

차원이 조금 다르지만, 나는 믿음과 종교에 대해서도 아이들에게 문제를 제시하는 것이 필요하다고 생각했다. 아이들은 우리 모두와 마찬가지로 이슬람 테러리즘이 보여준 종교적인 광신에 큰 충격을 받았다. 아이들은 종교에 관한 주제에 언제나 적극적으로 참여했다. 하지만 나는 덜 자극적이면서 보다 중요한 주제로 아이들의 생각을 넓혀가는 게 유용할 것 같았다. 즉 믿음과 지식 사이, 믿는다는 것과 안다는 것의 중요한 차이에 대해 함께 생각해보는 것 말이다.

제네바의 라 데쿠베르트 초등학교 2~3학년7-9세, CE1~CE2 학급에서 진행된 수업은 교훈적인 내용을 적잖이 담고 있었다. 그리고 그 학교 아이들은 종교적으로 매우 다양한 분포를 보였다(예를 들면 종교가 없는 아이들이 있는가 하면 가톨릭, 개신교, 이슬람교, 유교, 불교를 믿는 아이들이 두루 있었다).

프레데릭 종교란 무엇일까?

쥐스탱 종교는 어떤 사람이 신이 세상을 창조했다고 믿을 때 사용하는 말이에요. 그리고 종교는 가끔 분쟁을 일으켜요.

켈란 맞아, 종교 사이에 자주 갈등이 있어. 각 종교는 서로 같은 생각이 아니기 때문이야. 종교 사이에 갈등이 깊어지면 전쟁이 일어나기도 해.

알리사 하나의 종교는 하나의 전통이야. 사람들은 신이 있다고 믿지만, 사람 사이에 서로 동의하지 않는 여러 종교가 있어. 예를 들면 유대인과 예수처럼.

탈리아 나는 하나의 종교는 하나의 신앙을 가지고 있는 사람들의 모임이라고 생각해. 그리고 종교는 그것을 믿는 사람들의 일상생활에 큰 영향을 끼치면서 그들 삶을 변화시키기도 해.

프레데릭 종교가 신자의 일상생활에도 영향을 준다고?

탈리아 네. 종교 때문에 역사와 더불어 많은 것이 생겨나요.

이사크 사람들은 자신과 다른 종교를 가진 사람들에게는 공손하지 않아.

쥐스탱 R 사실, 종교가 반드시 전쟁을 일으키는 건 아니야. 종교에도 전쟁을 하지 말고 다른 사람에게 친절하게 대하라는 법이 있어.

프레데릭 그렇다면 너는 지금 종교가 때로는 전쟁을 일으키기도 하지만 때로는 평화에 도움이 될 수 있다고 말하는 거니?

쥐스탱 R 아니요. 종교 자체가 평화를 불러오지는 않지만, 모든 종교에 평화의 메시지가 담겨 있다는 말이에요.

프레데릭 종교에 평화의 메시지가 담겨 있다, 너희는 이 말에 동의하니?

대부분 "네"라고 대답한다.

프레데릭 그렇다면 종교가 전하는 평화의 메시지는 구체적으로 무엇일까?

어떤 아이 기도하면 평화를 얻을 수 있다는 거요.

탈리아 나는 대부분의 종교에 조금씩은 평화에 대한 규범과 믿음이 있다고 생각해. 예를 들면 태국에는 대부분의 거리와 식당에 붓다가 있는데 사람들은 붓다에게 기도를 하면서 마음의 평화를 얻어.

쥐스탱 R 사실은, 종교에는 평화에 관한 구절이 많아. 그렇지만 죽음을 선동하는 구절도 많이 있어.

프레데릭 평화에 관한 구절을 구체적으로 말해보겠니?

쥐스탱 R 예를 들면, 네가 미워하는 사람도 존경하라.

프레데릭 존경하라? 그 단어가 확실하니?

66

신이 세상을 창조했다고
말하는 것은 믿음이지만,
신자는 지식이라고 생각해.

99

_탈리아(8세)

쥐스탱 R   '사랑하라'인가요?

프레데릭   그 말이 어디에 있지?

쥐스탱 R   잘 모르지만, 아마 성경에…….

프레데릭   맞아, 성경에 있단다. 정확히 말하면 "너희 원수를 사랑하며 너희를 핍박하는 자를 위하여 기도하라"는 구절이란다. 예수께서 마태복음에서 그렇게 말하셨어. 혹시 평화에 관한 다른 구절을 아는 사람이 있니?

쥐스탱   저는 제칠일안식교 교인이에요. 기독교에 속하는데, 제칠일인 토요일을 안식일로 삼아요. 제칠일은 금요일 저녁에 시작해서 토요일 저녁에 끝나는데, 그날 교회에 가면 신에게 감사 기도를 드리는 아이들을 많이 볼 수 있어요.

알리사   저는 이슬람교도예요. 보스니아에 가면 평화에 관한 구절을 기록한 돌이 있어요.

프레데릭   그 구절을 기억하니?

알리사   잘 모르겠어요. 부모님한테 조금 배웠을 뿐이에요.

이사크   나는 종교가 없지만, 우리 할아버지와 할머니는 종교가 있어. 그분들은 매일 저녁 식사 전에 우리에게 먹을 것을 주신 신에게 감사 기도를 드려.

탈리아   우리 엄마는 불교도인데, 자주 명상을 하셔.

프레데릭   너희는 지금까지 기도와 사랑의 구절처럼 종교의 긍정적인 면에 대해서 많은 말을 했다. 자, 그러면 이제 종교가 왜 폭력을 불러일으키는지에 대해서 말해보자.

이사크 사람들이 서로 종교가 다를 때 폭력이 일어나요.

프레데릭 그래, 그런데 왜 그럴까?

이사크 모든 사람이 자기와 같은 종교를 갖기 바라기 때문이에요.

사샤 어떤 종교가 다른 종교에 동의하지 않기 때문에 폭력이 일어나는 거야.

알리사 자신의 종교가 최고라고 생각하는 사람들이 종종 있어. 그 사람들은 자신이 믿는 종교가 제일이고 다른 종교는 얼뚱하거나 틀렸다고 생각해.

니콜 나도 그렇게 생각해. 자신의 종교가 다른 사람의 종교보다 위대하다고 믿고, 모든 사람이 자신의 종교를 믿어야 된다고 생각하는 신자들이 있을 때 전쟁이 일어나는 거야.

탈리아 종교 사이에서 분쟁은 언제든지 일어날 수 있어. 예를 들면, 종교가 다른 두 사람이 같은 장소에서 함께 일할 때, 종교에 대해서 말하다가 두 사람이 서로 싸울 수 있어.

프레데릭 이 주제를 마무리하기 위해서 나는 종교가 갈등보다 평화에 유익하다고 생각하는 사람의 말과, 그와 반대로 평화보다 갈등을 부추길 수 있다고 생각하는 사람의 말을 듣고 싶단다.

쥐스탱 그건 종교에 따라 달라요.

알리사 시대에 따라 달라지기도 해.

쥐스탱   맞아, 지금은 전쟁을 일으키지만 이전에는 전쟁을 원하지
         않았던 종교가 있고, 전에는 전쟁을 일으켰다가 지금은 평
         화를 강조하는 종교도 있으니까.

프레데릭   조금 전에 너희 가운데 한 사람이 "종교는 믿음에 근거한
         다"고 말했지. 믿음이 무엇이지?

로라   믿음은, 예를 들면 신의 존재를 믿는 가톨릭이에요.

사샤   믿음은 13일의 금요일이 불행을 가져온다고 믿는 거야.

블랑슈   믿음은 같은 나라에 사는 사람들이 같이 믿는 것일 수 있어.
         하지만 다른 나라에 사는 사람들은 그런 믿음을 갖고 있지
         않아.

켈란   신이 세상을 창조했다고 믿는 사람이 있고, 세상의 기원이
         빅뱅이라고 믿는 사람이 있어.

프레데릭   잠깐, 네가 말한 두 가지를 같은 수준에 둘 수 있을까? 예를
         들면, 종교와 과학은 같은 수준일까? 그리고 믿는다는 것과
         안다는 것의 차이는 무엇일까?

사샤   우리가 무엇을 믿는다고 해도, 사실 그것이 실제로 존재한
         다고 확신할 수 있는 건 아니에요. 그렇지만 우리가 무엇을
         안다는 것은 그것의 존재를 확신하는 거예요.

알렉상드르 나는 내 몸에 두 다리가 있다는 것을 분명히 알고 있고, 초
         월적인 세계를 믿어.

알리사   그래, 아는 것은 네가 본 것이고 따라서 분명히 존재해. 그

리고 믿는 것은 존재할 수 있지만, 네가 보지 못했을 수도 있어.

켈란 나는 나무가 있다는 것을 알아. 그건 분명해. 그렇지만 나는 나무가 꽃과 함께 존재한다고 믿지만 확신할 수는 없어. 나무에서 꽃이 피기는 하지만, 원래부터 함께 있었는지 알 수 없기 때문이야.

프레데릭 과학은 믿는 것이 아니라 아는 것에서 파생되는데, 정확히 과학은 무엇에 근거할까?

사샤 경험이요.

알리스 여러 경험이야. 그리고 과학은 실험을 할 수 있어.

이사크 지성이야.

클라라 사유야.

프레데릭 그러면 과학적 지식이란 경험을 통해 확인할 수 있는 지식이기에 모든 사람이 인정할 수 있다는 말에 너희는 동의하니?

몇몇 아이 네.

탈리아 그렇지만 과학적인 지식이라고 해도 모든 사람이 전부 동의하지 않는 경우도 있어요.

프레데릭 너의 말은 과학에도 불일치가 있다는 거니?

탈리아 네. 믿음과 마찬가지로 과학적인 지식에 대해서도 불일치가 있을 수 있다고 생각해요.

프레데릭 구체적인 예를 말해보겠니?

탈리아　　예를 들면 빅뱅이 있었다는 것을 믿는 사람이 있는가 하면, 신이 우주를 창조했다고 말하는 사람이 있어요.

프레데릭　　그러면 너는 신이 우주를 창조했다고 믿는 것이 과학적인 지식이라고 생각하니?

탈리아　　아니요. 그렇지만, 신자들은 자신이 옳고 과학자들이 틀렸다고 생각해요.

프레데릭　　신이 세상을 창조했다고 말하는 것은 지식일까, 아니면 믿음일까?

탈리아　　그건 믿음이지만, 신자는 지식이라고 생각해요.

66

나는 신이 존재하는지
확신할 수 없어. 그렇지만,
신이 존재하지 않는다고
단정할 수도 없어.
나는 최소한 100년은 지나야
그것에 대한 증거를 가질 수
있을 거라고 생각해.

99

_엘라(9세)

죽을 수 있는 것이 좋을까, 아니면 영원히 죽지 않는 것이 좋을까?

나는 죽음에 대한 주제로 두 번의 철학교실을 진행했다. 다양한 토론이 있었으며, 특히 죽음 이후 사후 세계에 대한 믿음을 주로 다루었다. 다음과 같은 질문에 아이들이 답하면서 철학적인 관점에서 매우 유익한 답변이 쏟아져 나왔다. "죽을 수 있는 것이 좋은가, 아니면 영원히 죽지 않는 것이 좋은가?" 죽을 수밖에 없는 인간의 운명에 대한 긍정적인 변론, 그리고 자신의 죽음에 대해 토론하면서 보여준 아이들의 평정심에 놀라지 않을 수 없었다. 죽음이라는 주제는 어린 시절에는 두려움의 대상일 뿐 당당하게 받아들이기 힘든 주제라고 대부분 생각하지만, 철학교실에서 보인 아이들의 태도는 예상과 전혀 달랐다. 이런 질문에 접근하기 힘들어하고 영원히 죽지 않기를 바라는 어른들로 하여금 아이들의 태도는 깊이 생각하게 할 만했다!

우선 무앙사르투에 있는 로레 뒤 부아 공립초등학교의 4~5학년 CM1-CM2 학급에서 진행되었던 철학교실 내용 일부를 소개한다.

프레데릭	영원히 죽지 않는 것이 죽을 수 있는 것보다 나을까?
여러 아이	네.
다른 아이	아니요.
프레데릭	그렇다고 말한 사람이 있고, 그렇지 않다고 말한 사람도 있다. 우선, 그렇다고 말한 사람부터 왜 그런지 이유를 말해 보렴.
레아	나는 죽을 수 있는 것이 오히려 좋다고 생각해요. 영원히 죽지 않는다면 어린아이부터 청소년, 그리고 어른과 노인이 되는 인생의 과정을 겪을 수 없기 때문이에요. 그건 불행한 일이에요!
페넬로페	나도 죽을 수 있는 것이 좋다고 생각해. 만약 우리가 죽지 않고 계속해서 아이를 낳는다면 지구에는 사람이 너무 많아질 거야.
앙투안	나도 죽는 것이 낫다고 생각해. 죽지 않고 영원히 산다면 우리는 사는 동안에 세상에서 모든 것을 보고 겪게 될 테고, 그 많은 것 가운데 도대체 무엇을 해야 할지 알 수 없을

거야!

엘린 사람이 영원히 죽지 않는다면 세상은 좀처럼 변하지 않을
거야. 영원히 변하지 않는 똑같은 사람이 살기 때문이고, 그
러면 세상은 변하지 않을 테니까.

폴 나는 죽든지 죽지 않든지, 둘 다 좋다고 생각해. 영원히 죽
지 않으면 우리는 가족처럼 사랑하는 사람들과 영원히 헤
어지지 않을 수 있으니까 좋잖아. 그렇지만 레아 생각에도
동의해. 어린 시절부터 늙을 때까지 계속 성장하고 변화하
는 것이 좋기 때문이야.

시아라 나는 오래 살다가 늙어서 죽는 게 좋은 것 같아. 다섯 살에
죽은 소녀를 알고 있는데, 그렇게 어린 나이에 죽는 건 너무
슬픈 일이야.

멜리나 영원히 죽지 않는 것은 차라리 불행한 일이야. 만약에 심한
질병을 갖고 태어났는데 영원히 죽지 않는다면, 질병 때문
에 영원히 고통을 느끼며 살아야 하니까.

폴 맞아. 예를 들면, 매일 다투는 부모님이 있는데 그들이 죽지
않는다면 아이들은 매일 다투는 모습을 봐야 하잖아.

아이들이 웃는다.

에바 영원히 죽지 않는다면 우리가 정말 죽고 싶도록 불행할 때
에도 죽을 수가 없어. 그러면 불행한 사람은 영원히 불행하
게 살아야 돼.

"

영원히 살 수 없다는 것을
알기 때문에
우리는 더 많은 것을
누릴 수 있어.

"

_마들렌(9세)

프레데릭   지금까지는 가족의 죽음에 대해 말했던 폴 외에는 대부분 죽을 수 있는 것에 대한 긍정적인 의견만 나왔구나. 반면에 우리가 함께한 철학교실 초반에는 죽음보다는 영원한 삶이 좋다는 의견이 많았지. 그동안 철학교실에서 들은 내용이 너희 의견을 바꾸게 했니? 혹은 여전히 영원한 삶이 더 좋다고 생각하는 사람이 있니?

에바   죽지 않는 영원한 삶의 장점은 죽음이나 병 혹은 사고에 대한 두려움을 갖지 않을 수 있다는 거예요. 죽음이 없기 때문에 당연히 그런 걸 두려워하지 않게 되잖아요.

파리 8구에 있는 페늘롱 사립초등학교 4학년CM1 학급 아이들도 같은 질문에 답했다. 조금 다른 의견도 있었지만, 대부분은 앞서 나온 아이들의 의견과 비슷했다. 서로 다른 환경에서 자랐음에도 생각이 유사하다는 사실이 흥미로웠다.

콜롱브   영원히 죽지 않는 것이 좋은 것 같아. 그래야 더 많은 것을 할 수 있고, 사랑하는 가족이나 이웃과 오랫동안 함께 지낼 수 있으니까.

빅토리아   사람이 죽지 않는다면 선사시대 사람들이 우리와 함께 살고 있을 거야. 그러면 우리 시대 이전에 무슨 일이 있었는지 자세히 알 수 있겠지.

카미유	나는 네 생각에 동의하지 않아. 오히려 죽을 수 있는 게 나아. 죽지 않는다면 변화하지 않고, 아마 우리는 선사시대 사람과 같을 거야.
마들렌	맞아. 죽을 수 있는 것이 더 좋아. 영원히 살 수 없다는 것을 알기 때문에 우리는 더 많은 것을 누릴 수 있어. 예를 들면 나는 미국에 가고 싶어. 그런데 내가 영원히 죽지 않는다면 아마 나는 이렇게 생각할 거야. '100년 후에 가야지. 어쨌든 그때까지 나는 여전히 살아 있을 테니까.' 삶이 영원하지 않기 때문에 우리는 살면서 더 많은 것을 시도하게 돼.
프레데릭	더욱 적극적으로 살 수 있다는 말이니?
마들렌	네.
비올레트	영원히 죽지 않는다면 새로운 고통이 다시 시작되기 때문에 우리 삶은 항상 고통스러울 수 있어. 나는 그런 게 싫어!
알리스	영원히 죽지 않는다면 아마 사는 게 지겨울 거야. 그러면 사는 게 즐겁지 없을 테고.
엘리오트	나도 죽는 게 낫다고 생각해. 죽지 않고 계속 아이를 낳으면 지구에는 자리가 조금도 남아나지 않을 테니까.
빅토리아	영원히 죽지 않는 것이 정말 좋으려면 우리가 항상 평화를 누릴 수 있어야 돼!
카스티유	나는 알리스와 잔의 생각에 동의해. 영원히 살면서 모든 것을 할 수 있다면 얼마 지나지 않아 삶이 지겨워질 거야. 게

다가 죽음에 대한 두려움이 없기 때문에 사람들은 언제든지 자기가 원하는 대로 하려 들 테고, 그러면 결국 온 세상이 무질서해질 거야. 그리고 내 생각에는 어떤 역사든 시작과 끝이 있어야 좋은 것 같아. 세상에 태어나서 사는 것에 만족하면서 많은 모험을 겪으며 살다가, 어느 때가 되면 우리는 더 이상 그럴 수 있는 힘이 없어져. 그때가 되면 차라리 삶을 마치는 것이 좋아.

장 나도 죽을 수 있는 것이 오히려 좋다고 생각해. 그렇지 않으면 지금도 공룡이 있을 거야.

어떤 아이 그러니까 오히려 영원히 죽지 않아야 좋은 거야. 그래야 공룡을 탈 수 있잖아.

아이들이 웃는다.

프레데릭 그래, 네가 공룡을 길들일 수만 있다면.

아이들이 웃는다.

빅토리아 나는 죽지 않는 것이 좋아. 그래야 언제든지 우리가 원하는 것을 할 수 있을 테니까.

비올레트 빅토리아, 나는 네가 왜 그렇게 말하는지 이해하지 못하겠어.

빅토리아 먹기나 잠자기, 책 읽기나 여행처럼 우리가 원하는 것을 마음껏 할 수 있잖아.

비올레트 하지만 그건 우리가 이미 하고 있는 거잖아.

66

나도 죽는 것이 낫다고 생각해.
죽지 않고 영원히 산다면
우리는 사는 동안에 세상에서
모든 것을 보고 겪게 될 테고,
그 많은 것 가운데 도대체
무엇을 해야 할지 알 수 없을 거야!

99

_앙투안(11세)

빅토리아   그래, 그렇지만 다는 아니야. 시간이 지나서 더 이상 학교에 가지 않아도 되면 그때부터 우리가 원하는 걸 모두 할 수 있겠지.

셀레스트   그렇지만 우리는 잘살지 않으면 집이 없고 불행해. 그래도 사람이 영원히 죽을 수 없다면 그건 좋은 게 아니야.

뤼실   영원히 죽지 않는 것이 좋다고 자주 생각해왔어. 그렇지만 시간이 지나면 사는 게 싫증 날 거야. 특히 우리가 영원히 죽지 않는 방법을 알았다고 생각해봐. 그건 사실상 신이 창조한 과업을 깨뜨리는 거고, 그렇게 되면 세상은 온통 뒤죽박죽이 될 거야. 그건 절대로 좋은 게 아니야.

위고   아니야. 경찰이 있잖아.

알리스   나는 마들렌이 한 말에 동의해. 죽는다는 것을 알기 때문에 우리는 미루지 않고 많은 것을 할 수 있어. 대충 시간을 보내려고 하지 않고 죽기 전에 많은 것을 누려야 한다고 생각하니까. 그러니까 죽을 수 있다는 것이 사실은 행복이야!

삶에
의미가 있을까?

나는 삶의 의미와 방향이라는 주제로 세 번의 철학교실을 진행했다. 제네바의 라 데쿠베르트 초등학교에서 9~11세의 아이들과 함께 진행한 내용을 거의 빠뜨리지 않고 여기에 옮긴다. 아이들의 대답에서 성숙한 면을 발견할 수 있는데, 그것은 이 아이들이 살고 있는 지역이 문화적 혜택이 많기 때문만은 아니다. 그와 더불어, 아이들 대부분이 교사들과 함께 몇 년에 걸쳐 매주 철학교실을 진행해왔기 때문이다. 삶의 의미와 가치는 분명 아이들에게 간단한 주제가 아니었지만 결과는 매우 고무적이었다. 아직은 언어 사용이 분명치 않은 이 아이들의 말을 듣다 보면, 나이에 어울리지 않게 성숙한 학생들이 연상될 것이다.

"

친구와 가족, 사촌, 함께
사랑을 나눌 사람들이 있기 때문에
인생은 의미가 있어.
그렇지 않으면 인생은 의미가 없을 거야.
우리가 행복할 때 인생은 의미가 있어.

"

_아맹(8세)

프레데릭 우리의 삶에 정해진 방향이 있을까?

아니쉬 네, 삶에는 일정한 방향이 있어요. 우리는 모두 죽음을 향해 나아가고 있어요.

아이들이 웃는다.

알리스 1 나에게 삶의 의미란 방향이 아니라 가치야. 예를 들면, 우리가 누군가를 도울 수 있을 때, 그리고 다른 사람에게 기쁨을 줄 수 있을 때 그런 가치가 삶에 의미를 주는 거야.

사를라 나도 방향이 아니라 가치라는 알리스 말에 동의해. 나에게 삶의 의미는 '산다는 것이 무슨 가치가 있는가'에 대한 대답이야. 삶은 우리에게 많은 것을 알게 해줘.

자코브 나는 삶의 의미가 방향과 가치라고 말했던 아니쉬와 알리스 생각에 동의해. 하지만 나는 죽음 역시 삶의 일부분이라고 생각해.

베스나 사실 삶에 정해진 방향이 있다는 주장에 별로 동의하지 않지만, 우리는 삶의 큰 방향에 대해서는 예상할 수 있을 거야. 예를 들면 카드놀이를 하는 사람들이 패를 예상하듯 이미 기록된 것과 경험을 통해 우리는 삶이 어떻게 진행될지 예상할 수 있잖아.

프레데릭 너는 각 사람마다 정해진 운명이 있다고 생각하니?

베스나 바로 그거예요. 우리가 모든 것을 알 수는 없지만, 사전에 예상할 수 있는 삶의 방향은 분명히 있어요. 그렇다고 해서 우리 삶이 사전에 모두 결정되었다는 말은 아니에요.

알리스 1   베스나, 나는 네 말에 동의하지 않아. 어떤 것도 사전에 정해지지 않았고, 가치관에 따라서 사는 방법을 선택할 수 있기 때문에 삶에 의미가 있는 거야. 나는 차라리 '삶은 죽음을 향해 나아가고, 죽음은 삶의 부분'이라는 아니쉬와 자코브의 말에 동의해.

아드리앵   우리가 세상에서 선택할 수 없는 것은 두 가지밖에 없다고 생각해. 세상에 태어나는 때와 세상을 떠나는 때야. 하지만 태어나서 죽을 때까지, 그 사이에 우리는 자유롭게 생각하고 판단할 수 있어.

프레데릭   너는 각자의 삶에 미리 결정된 방향이 있는 것이 아니라, 원하는 대로 자신의 삶을 이끌어갈 수 있다고 생각하니?

아드리앵   네, 모든 사람에게 동일한 시작과 끝이 있어요. 그리고 시작과 끝 사이에서 각 사람은 어떤 방향으로 가는 것이 좋을지 나름대로 판단하고 결정할 수 있는 자유가 있어요.

프레데릭   좋아. 그런데 시작과 끝 사이에서 너는 알리스가 말했던 가치라는 관점에서 자신의 삶에 의미를 부여할 수 있다고 생각하니?

아드리앵   네.

프레데릭   그렇다면 네가 생각하기에 삶에 의미를 부여하는 것은 무엇이니?

아드리앵	다른 사람을 돕고, 행복하게 하면서 좋은 일을 하는 거예요.
알리스 2	삶에 의미가 있다는 말에 나는 동의하지 않아. 나는 삶의 의미에 대한 질문을 '왜 사는가'로 해석해. 그리고 삶에는 이유가 없다고 생각해. 그렇지 않다면, 왜 세상에 굶주리는 사람도 있고 어떻게 써야 할지 모를 정도로 돈이 많은 사람도 있겠어? 나는 삶에 분명한 의미가 있다고 생각하지 않아. 알리스 말대로 각자가 이런저런 방법으로 자신의 가치관에 따라 삶에 의미를 부여하는 거지.
베스나	나는 우리가 그렇게 자유롭다고 생각하지는 않아. 삶의 일부는 분명히 운명이 결정해.
프레데릭	베스나, 네 생각을 조금 더 자세히 말하는 게 좋겠다! 네가 생각하기에 운명이란 무엇이지?
베스나	어떻게 설명해야 할지 사실 잘 모르겠어요. 예를 들면, 어떤 사람의 운명이 그렇게 죽는 것이라면, 의사들이 삶을 연장시키기 위해서 노력하는 게 아무 소용이 없잖아요. 어쨌든 이미 정해진 운명에 따라 죽는 거니까요.
지아다	그 사람의 운명이 병 때문에 죽는 것이라고 해도, 의사가 병을 고칠 수 있다면 상황은 달라져. 예를 들어 병을 고치고 그 사람의 생명을 지속할 수 있는 약을 줄 수 있다면 그건 어쨌든 의미가 있는 거야.
알리스 1	아드리앵의 말처럼 사는 동안에 우리는 자유로워. 다음으

로, 삶은 의미가 있을 수도 있고 없을 수도 있어. 삶에서 의미를 찾을 수 있다면 삶은 의미가 있는 거야. 삶에서 의미를 찾지 않는다면, 삶은 의미가 없는 거고.

프레데릭 그렇다면 네 말은, 각자가 자기 삶에 의미를 부여하거나 또는 부여하지 않을 수 있다는 말이니?

알리스 1 네. 베스나, 그건 자유야. 삶이 이미 결정되었고 사람은 하나의 운명을 가졌다는 것에 나는 동의하지 않아. 혹시 마지막에는 맞을 수도 있겠지만, 사람은 사는 동안 자유로워. 예를 들면, 수업이 끝나면 울리스는 집으로 돌아갈 거야. 그건 아마 정해진 그 애의 운명이겠지. 하지만 그 전에 울리스에게 많은 일이 닥칠 텐데, 그러면 어떤 선택을 하든지 그건 울리스의 자유야.

아니쉬 그런 것 같아. 우리 모두의 공통 운명은 때가 되면 죽는 거야. 그렇게 생명이 끝난다는 걸 우리 모두 알고 있어. 그렇지만 어떤 식으로 죽을지, 죽는 방법에 대해서는 자유로울 수 있어. 전쟁터에서 죽는 사람은 싸우러 가서 그렇게 죽을 수도 있는 모험을 스스로 결정한 거야. 그건 그 사람의 자유로운 선택이잖아.

사를라 나는 네 말에 별로 동의하지 않아. 네가 말한 죽는 방식은, 그래, 어떤 경우에는 네가 죽는 방법을 선택할 수 있지만, 때로는 선택하는 게 네가 아니라 다른 사람일 수 있어. 예를 들어 네가 테러로 죽었다면 너는 죽음에 대해 선택의 자유가 없었어. 그런 경우를 생각해보면, 우리는 삶과 죽음을 선택할 수 있는 게 아니야.

마농   조금 전에 알리스와 베스나가 했던 말에 대해서 내 생각을 말하고 싶어. 알리스의 말대로 우리에게 운명이 있다고 단정할 수는 없어. 예를 들어, 내가 자동차를 타고 가다가 사고가 나면 나는 병원에서 누군가를 만날 수 있고 그 사람과 결혼할 수도 있어. 내가 집에서 나오지 않는다면, 그래서 자동차를 타지 않는다면 그런 일은 일어나지 않을 거야.

엘라   운명을 믿는다면 이렇게 생각할 거야. '어떤 사람의 운명이 죽는 것이라면 의사들이 누군가의 생명을 구하려고 노력하는 것이 사실상 아무 소용이 없다'고 말이야. 따라서 운명이 있고 삶의 방향이 이미 정해져 있다면 우리는 무엇이든 변화시키기 위해서, 또는 다른 사람을 돕기 위해서 어떤 일도 하지 않을 거야.

프레데릭   너는 그것에 대해서 어떻게 생각하니?

엘라   우리가 선택해야 한다고 생각해요. 저는 어떤 것도 사전에 운명적으로 결정되었다고 생각하지 않아요.

알리스 2   나도 네 말에 동의해, 엘라. 그리고 베스나, 네 말대로라면, 네가 아플 때 그렇게 죽을 운명이라고 생각하기 때문에 살기 위해서 어떤 노력을 하는 것이 아무 소용이 없게 되는 거야. 살려고 하는 것이 아무 소용이 없다면, 사는 것도 아무 소용이 없는 거고. 따라서 나는 우리의 삶에 어떤 것도 미리 결정되었다고 생각하지 않아. 모든 것이 우리에게 달려 있는 거야. 결국 우리의 믿음에 따라 결과가 달라져. 운명을 믿는 사람이 있을 수 있고, 믿지 않는 사람도 있을 수 있어. 각자는 자신의 의견이 있지. 한 가지로 대답하는 게 정말 불가능하다고 생각해.

프레데릭   대단한 철학자다, 알리스!

살마   나는 마농의 말에 동의해. 영화 속에 가끔 이런 인물이 나오잖아. 가난했는데 삶의 방향을 변화시키는 선택을 하면서 스타가 되고 마침내 세상에서 가장 부자가 되는 사람 말이야. 그가 그런 선택을 하지 않았다면 그의 인생은 과거와 전혀 달라지지 않았을 거야. 우리는 선택할 수 있는 자유를 가졌어.

루익   나도 사람의 운명이 정해졌다는 말에 동의하지 않아.

프레데릭   왜 그렇게 생각하니?

루익   운명이 정해져 있다고 믿는다면, 예를 들어 병에 걸리면 죽는다고 생각하겠죠. 하지만 병을 고치는 약을 찾아내면 나을 수 있어요. 따라서 우리 운명은 변할 수 있는 거예요.

프레데릭   베스나, 지금까지 나온 운명에 대한 모든 말 중에 대답하고 싶은 것이 있니? 아까 말한 네 생각을 바꿀 의향이 있니?

"

살다 보면,

당장은 원하는 것을 얻지 못해도

나중에 더 나은 것을 얻는 경우가

종종 있기 때문에 삶은 의미가 있는 거야.

삶에는 항상 두 번째 기회가 있어.

"

_아유브(9세)

베스나	저는 개인적으로 행운을 믿지 않아요. 예를 들면, 스타를 보면서 많은 사람이 "야, 행운이다!"라고 말하지만, 저는 그것이 행운이라고 생각하지 않아요. 그것은 그에게 주어진 일에 관한 운명일 수 있어요. 행운은 존재하지 않아요.
아슈라프	나는 네 말에 동의하지 않아. 네가 길에서 우연히 돈을 발견하면 너는 '내가 제네바의 모든 지도를 보았기 때문에 이걸 발견했어'라고 말하지 않을 거야. 분명히 '이걸 발견한 건 행운이야'라고 말하겠지.
프레데릭	베스나, 그러면 너는 가끔 행운이 존재한다는 말에는 동의하니? 아니면 행운이란 결코 존재하지 않는다고 생각하니?
베스나	저는 행운을 믿지 않아요.
지아다	스타가 되기 위해서 열심히 노력했어도 성공하지 못한 사람은 많아. 반면에 별로 열심히 하지 않았는데 스타가 되는 경우도 있어. 아마 그를 도와줄 수 있는 사람들을 우연히 알았기 때문일 거야. 그렇다면 그건 어쨌든 행운이야.
마르고	나는 베스나와 아슈라프의 말에 모두 동의해. 어려움이 있는데도 그걸 물리치고 성공했다면 그건 분명히 열심히 노력했기 때문이야. 그렇지만 아슈라프 말처럼 길에서 돈을 주웠다면 그것은 행운이야.
프레데릭	마지막 질문을 하면서 오늘 철학교실을 마치려고 한다. 알리스는 삶의 방향이 반드시 정해져 있는 것은 아니며, 각

각의 사람은 자신의 삶에 의미를 부여할 수 있다고 말했지. 자, 나는 너희가 인생에서 갖고 싶은 의미가 무엇인지 알고 싶구나.

지아다　내가 인생에서 갖고 싶은 첫 번째 의미는 실컷 노는 거예요. *아이들이 웃는다.*

살마　나는 내 인생에 의미를 부여하고 싶은 마음이 별로 없어. 그저 나에게 오는 대로 받아들여. 우리 인생에 다가오는 각각의 사건은 마치 대문 같은 거야. 우리가 그것을 지나가면 그다음에 인생이 변할 거야. 우선 나는 이 문을 통과하고 싶고, 그다음에야 내가 하고 싶은 것이 무엇인지 알 수 있을 거야.

아슈라프　나도 살마 생각에 동의해. 내 인생에 다가오는 것에 대해서 미리 알고 싶은 마음이 없어. 나는 지구에 살고 있는 것만으로도 행복해.

샤를라　내게 있어 인생의 의미란, 예를 들면 세상이 만족하는 것에 나도 만족하면서 내가 원하는 것을 얻는 거야.

자코브　어떤 인생을 살고 싶으냐면, 지금은 연구원이 되고 싶어. 과학을 아주 좋아하기 때문이야. 그리고 다른 사람을 행복하게 해주고 싶어.

프레데릭　덧붙여 말하고 싶은 게 있니, 샤를라?

샤를라　저는 세상에 무언가 기여하고 싶어요. 부자라서 행복해도 다른 사람이 나에게 화를 내는 삶보다, 차라리 가난해도 다른 사람을 행복하게 하고 도울 수 있는 삶을 살고 싶어요.

지아다 나는 솔직히 다른 사람에게 도움을 주고 싶지는 않아. 그건 내 삶의 목적이 아니야. 나는 재미있게 노는 게 훨씬 좋아.

프레데릭 최소한 목적만큼은 분명하구나. 자, 이제 알리스의 말을 듣고 마치겠다.

알리스 2 인생을 살면서 선택할 수 있다면, 저는 공부를 잘해서 제가 꿈꾸는 직업을 갖고 싶고, 제 인생의 사랑을 찾고 싶어요. 그럼 행복할 거예요!

66

나는 삶의 의미에 대한 질문을
'왜 사는가'로 해석해.
그리고 삶에는 이유가 없다고 생각해.
그렇지 않다면, 왜 세상에 굶주리는 사람도 있고
어떻게 써야 할 지 모를 정도로
돈이 많은 사람도 있겠어?
나는 삶에 분명한 의미가 있다고
생각하지 않아. 각자가 이런저런 방법으로
자신의 가치관에 따라 삶에 의미를
부여하는 거지.

99

_알리스(9세)

성공한 삶이란
무엇일까?

이번에는 인생의 의미와 가치에 대한 질문을 코르시카섬에 있는 브란도 공립초등학교의 7~8세 아이들에게 던졌다. 같은 주제를 다뤘지만 나는 '성공한 삶은 무엇인가'라는, 이전과 조금 다른 질문을 아이들에게 제시했다. 또한 가치관에 대해 말하는 방법, 삶에 의미를 부여하는 방법, 그리고 삶의 윤리를 구성하는 방법을 다뤘다.

프레데릭	너희는 삶에 의미가 있다고 생각하니?
앙투안 1	네. 예를 들면, 삶의 의미는 서로 나누는 데 있어요.
쥘리앵	삶의 의미는 함께 사는 거야.
프레데릭	아주 좋은 생각인데, 삶의 의미란 말이 무슨 뜻이라고 생각

하니?

쥘리앵　어떻게 설명해야 할지 모르겠어요.

프레데릭　너희 스스로 적당한 말을 찾을 수 있으면 좋겠다. 삶의 의미라는 말을 사용할 때, 그것은 무슨 뜻일까?

마티스　사람들이 우리에게 베푸는 친절을 다른 사람에게 다시 돌려주는 거예요.

프레데릭　그건 하나의 예구나. '함께 사는 것', '친절하게 대하는 것', '나누는 것' 모두 소중한 가치지만, 이런 말이 구세적으로 무엇을 의미하는 거지?

어떤 아이　친구를 사귀는 거예요.

프레데릭　그것도 부분적으로 맞는 말이지만, 좀 더 구체적으로 말해보렴.

앙투안 2　의미란 말이 그렇게 중요해요?

프레데릭　그래, 삶에 의미를 부여한다는 것은 결국 삶에서 무엇이 가장 중요한지 깊이 생각하는 거다. 그렇지?

앙투안 2　네.

프레데릭　너희는 삶에 의미를 부여한다는 말이 결국 삶에서 무엇이 중요한지 아는 것이라는 말에 모두 동의하니?

아이들　네.

프레데릭　너희가 그렇게 말했으니까 이제 너희끼리 삶에서 가장 중요한 것이 무엇인지 말해보렴.

앙투안 1	가족이 있는 거야.
쥘리앵	그건 아까 내가 말했잖아. 함께 잘 사는 거라고.
루	기쁨을 느끼며 사는 거.
루아나	건강이지.
프레데릭	삶의 의미는 건강하게 사는 것이라는 말이니?
테오	아니에요. 사람은 거리에서 불행하게 살아도 건강할 수는 있으니까요.
나튀렐	나는 삶의 의미는 가족이라고 생각해.
프레데릭	결국 너희는 삶의 의미가 중요하다는 데에는 모두 동의하고 있다. 삶의 의미라는 말에 다른 의미도 있을까?
앙투안	네, 예를 들어 제가 문의 위치를 바꾸면 다른 방향이 되는 것과 같아요.
카미유	맞아. 문장은 각각 다른 의미를 지니고 있어.
프레데릭	바로 그거다! 그렇다면 문장이 의미를 지닌다는 말이 무슨 뜻인지 알고 있니?
카미유	우리가 아무 말이나 하는 게 아니라는 뜻이에요. 문장에서 단어 위치를 바꾸면 의미가 달라지니까요.
프레데릭	그렇다. 단어가 제 위치에 있어야 한다는 것은 문장이 자기 의미를 지니기 위해서 반드시 필요한 거야. 문장이 의미를 지닌다는 것은 결국 문장이 하나의 일정한 의미 작용을 한다는 뜻이지. 자, 이제 인생도 이처럼 하나의 의미 작용을

한다고 말할 수 있을까?

앙투안 1 인생의 의미는 거칠어지지 않기 위해서 친절하고 관대해지는 거예요.

마티스 행복해지는 거야.

프레데릭 행복해진다! 너희도 이 말에 동의하니?

쥘리앵 그렇기도 하고 아니기도 해요.

프레데릭 왜?

쥘리앵 우리가 행복해지기 원하고 자기가 원하는 것을 하고 싶은 건 사실이에요. 그렇지만 신중해야 되고 다른 사람도 생각해야 돼요.

프레데릭 인생의 의미가 중요하고 인생이 어떤 의미 작용을 하는데, 그것은 행복해지고 기쁨을 누리는 것이지만 다른 사람도 생각하고 나눔에 대해서도 생각해야 된다는 말이니?

대부분 "네"라고 대답한다.

루 사실 나는 아빠에게 여러 번 어떤 질문을 한 적이 있는데, 아빠는 제대로 대답하지 못했어. 내 질문은 왜 사느냐였어.

프레데릭 (웃으며) 자, 그러면 이 질문에 답변할 사람 있니? 우리는 왜 사는 거지?

대답이 없다.

프레데릭 다르게 질문해볼게. 너희가 생각하기에 성공한 삶은 무엇이지? 우리가 어떤 사람을 보면서 인생에서 성공했다고 말하는 이유가 무엇일까?

앙투안 2   오래 살았기 때문이에요.

프레데릭   앙투안 생각에 동의하지 않는 사람?

토마   저는 앙투안 생각에 별로 동의하지 않아요.

프레데릭   이유를 말해보렴. 왜 너는 오래 사는 것이 성공한 삶이라는 생각에 동의하지 않니?

토마   오래 살 수 있지만 사는 동안에 자주 아플 수도 있어요. 그러면 성공한 삶이라고 할 수 없잖아요.

시아라   나도 아니라고 생각해. 앙투안 생각에 별로 동의하지 않아. 오래 살아도 자주 불행하고 고통스러운 일을 겪는다면, 성공한 삶이 아니야.

프레데릭   그러면, 인생에서 성공한다는 것은 무엇이니?

시아라   나한테 인생의 성공은 무엇보다 내가 하고 싶은 것을 하는 거예요. 예를 들면, 나를 즐겁게 하는 직업을 갖는 거.

앙투안 1   나에게 성공한 삶은 원하는 직업을 갖는 것이지만, 동시에 다른 사람에게 거칠거나 악하게 대하지 않고 항상 친절한 거야.

루   나에게 성공한 삶은 돈을 많이 벌어서 청구서를 제때 지불하고 아이들에게 좋은 것을 먹일 수 있는 거야.

프레데릭   자, 앙투안, 너는 지금까지 다른 아이들이 하는 말을 모두 들었다. 너는 여전히 성공한 삶은 오래 사는 것이라고 생각하니, 아니면 네 생각을 바꾸겠니?

앙투안 2 생각을 바꾸겠어요. 저 역시 사람들에게 친절한 삶, 예를 들면 다른 사람의 물건을 훔치지 않는 거예요.

프레데릭 아직까지 한 번도 자기 의견을 말하지 않은 사람 있니?

로메사 부모님과 함께 살고, 많이 벌어서 돈이 필요한 사람을 도와주는 거야.

나튀렐 원하는 걸 하는 기야.

루아나 나에게 성공한 삶은, 지금까지 너희가 말한 전부 다야. 그렇지만 특히 강조하고 싶은 건, 불행하지 않고 행복한 시간을 많이 갖는 거야.

프레데릭 너희는 성공한 삶을 살기 위해서 반드시 많은 돈이 필요하다고 생각하니?

대부분 "아니요"라고 대답한다.

프레데릭 왜 아니라고 생각하지?

카미유 '돈은 행복을 주는 것이 아니다'라는 말이 있어요.

프레데릭 너도 그렇게 생각해?

카미유가 고개를 젓는다.

프레데릭 왜?

카미유 잘 모르겠어요.

시아라 돈이 많지 않아도 우리는 성공한 삶을 살 수 있어. 예를 들어 자기가 정말 원하는 직업을 갖는다면 돈이 많지 않아도

66

성공한 삶이란
우리를 행복하게 하는 것을
많이 할 수 있는거라고 생각해.

99

_마리엠(8세)

행복하니까. 결국 행복하기 위해서 반드시 많은 돈이 필요한 건 아니야.

쥘리앵 그래, 하지만 네가 돈이 많으면, 예를 들어 유명한 축구 선수가 되면 가난한 사람들에게 돈을 나눠줄 수 있잖아.

루 나는 돈이 많으면 오히려 불행해질 거라고 생각해.

프레데릭 왜?

루 투아나가 말한 것처럼, 돈이 없는 가난한 사람이 많은데 나는 부자라서 내가 원하는 것을 모두 할 수 있다면 그건 오히려 나를 불행하게 만들어요.

나튀렐 가난해도 얼마든지 인생에서 성공하고 행복할 수 있다고 생각해.

테오 나는 억만장자가 되고 싶지 않아. 내가 이루고 싶은 욕망을 모두 실현했다면, 그다음에 돈이 무슨 소용이 있어?

토마 나는 돈이 필요하지만, 살기 위해서 필요한 만큼만 있으면 충분하다고 생각해. 지나치게 돈이 많아봤자 아무 소용이 없기 때문이야. 가난한 사람들은 먹을 것이 있는 것만으로도, 사는 게 행복하다고 여겨. 돈은 사는 데 필요한 만큼만 있으면 충분해.

브뤼셀의 생샤를 초등학교 8~11세 아이들과 함께 진행했던 철학교실에서도 같은 질문을 던졌다. 생샤를 초등학교는 몰렌비크의

192

빈민가에 위치한 학교로, 대다수 아이가 가난한 이민 가정 출신이었다.

프레데릭	성공한 삶이란 무엇일까?
제케리야	무언가 하고 싶은 마음이 있고 실제로 그것을 할 수 있을 때 나는 성공한 삶이라고 생각해요.
마리엠	성공한 삶이란 우리를 행복하게 하는 것을 많이 할 수 있는 거라고 생각해.
아맹	내 생각에는 다른 사람에게 악하게 행동하지 않고, 고통을 겪고 있는 사람을 격려할 수 있고, 다투는 사람을 위로할 수 있는 선한 사람이 되는 거, 그게 바로 성공한 삶이야.
하산	나는 네 말에 동의하지 않아, 아맹. 진짜로 성공한 삶은 다른 사람을 돕거나 선한 일을 하는 것이 아니라 자신의 삶에서 행복을 누리는 거야.
프레데릭	그렇다면 하산, 너는 성공한 삶이란 자기가 행복해지는 것이라고 말했던 마리엠의 말에 동의하는 거구나. 이 말에 동의하는 사람 또 있니? 아니면 성공한 삶은 바르게 살고 다른 사람을 도와줄 수 있는 것이라는 아맹의 생각에 동의하니?
마루아	사실 두 개는 서로 다른 게 아니에요. 우리가 다른 사람을 위로하고 격려해서 그 사람이 행복하다면 결국 우리도 행복해지니까.

아담	나는 원하는 걸 모두 성취하는 것이 성공한 삶이라고 생각해!
아맹	그래, 하지만 네가 나쁜 일을 하려고 마음먹고 실제로 그런 일을 한다면 그건 옳지 않아. 그러면 네 삶은 절대로 성공한 삶이 될 수 없어.
프레데릭	아담, 너는 이 말에 대해서 어떻게 생각하니?
아담	네, 아맹 말이 옳아요.
하산	나도 동의해.
프레데릭	혹시 이 말에 동의하지 않는 사람이 있니? '좋은 일이든 나쁜 일이든 그건 중요하지 않다. 다만 자기가 원하는 일을 하는 것이 성공한 삶이다'라고 말하고 싶은 사람이 있니? *대답이 없다.*
아담	아니에요, 자기가 원하는 일이라도 절대로 나쁜 짓은 하면 안 돼요.
프레데릭	그러면 너는 일생 동안 악한 일을 전혀 하지 않는 것이 가능하다고 생각하니?
아담	아니요.
아맹	처음에는 나쁜 짓을 했다가 나중에 좋은 일을 할 수도 있어. 중요한 건 점점 좋은 방향으로 나아가는 거야. 우리가 일부러 나쁜 짓을 한 것이 아니라면 큰 문제가 아니지만, 일부러 나쁜 짓을 한다면 그건 심각해.

프레데릭	방금 네가 아주 중요한 말을 했다. 네가 말했듯이 중요한 것은 우리가 하는 일의 의도란다. 나쁜 일을 했지만 의도적으로 한 것이 아니라면, 의도적으로 행한 악한 일에 비해 덜 나쁘다는 것이 중요하단다.
여러 아이	그래요.
마리엠	악한 일인 줄 모르고 악한 일을 하는 경우가 있어. 그런 경우는 그렇게 심각한 문제는 아니야. 그렇지만 악한 일인 줄 알면서도 했고, 자기가 원해서 그런 일을 계속한다면 그건 심각한 거야.
프레데릭	너희가 지금 하는 말은 도덕적인 삶의 기본에 관한 것 가운데 매우 중요한 내용이란다. 그런 점에서 너희는 어리지만 진정한 철학자다! 내가 조금 정리하마. 너희는 이렇게 말했다. 성공한 삶은 우리가 원하는 것을 하면서 행복해지고, 다른 사람을 행복하게 만들기 위해서 그들을 돕는 것이다. 이외에 다른 것이 또 있니?
마루아	예를 들면, 성공한 삶이란 어디론가 가고 싶을 때 엄마에게 말할 수 있고, 엄마가 들어줘서 마침내 원하는 대로 갈 수 있는 거예요.
프레데릭	성공한 삶은 자신의 꿈을 실현하는 것이라는 말이지?
살마	네.
아담	나는 인생의 성공이 하고 싶은 대로 하는 것이라는 생각에

동의하지 않아. 막상 하고 싶은 것을 다 하고 나면 인생이 지겨워질 테니까.

아맹   프레데릭 선생님, 저는 지금 성공한 인생을 살고 있어요. 제 곁에는 항상 아빠와 엄마가 있으니까요!

마리엠   그건 가족이 항상 너를 위해주기 때문이야. 함께 있지 않을 때에도, 가족은 우리를 위하고 있어.

아맹   사실, 가족이 있기 때문에 우리는 사랑할 수 있어.

프레데릭   너희는 지금 성공한 삶은 사랑을 경험하는 것이라고 생각하는 거니?

여러 아이   네.

프레데릭   그게 반드시 필요한 건 아니라고 생각하는 사람 있어?

하산   때로는 그렇고 때로는 그렇지 않아요.

프레데릭   무슨 말을 하려는 거니?

하산   아이를 사랑하는 가족이 있지만 아이를 사랑하지 않는 가족도 있어요. 주변에 보면 아이를 돌보지 않는 엄마도 있어요.

프레데릭   네 말은, 가족이라고 반드시 서로 사랑하는 건 아니라는 뜻이니?

          하산이 머리를 끄덕인다.

프레데릭   그렇지만 중요한 건 사랑이라는 말에는 동의하니?

하산   네.

마리엠   가족의 사랑이 있다면 물론 좋아. 하지만 없어도 큰 문제는

196

"

내 생각에는 다른 사람에게
악하게 행동하지 않고,
고통을 겪고 있는 사람을 격려할 수 있고,
다투는 사람을 위로할 수 있는
선한 사람이 되는 거,
그게 바로 성공한 삶이야.

"

_아맹(9세)

없다고 생각해. 입양될 테니까…… 입양해준 부모의 사랑을 받을 수 있을 거야.

아맹 그렇지만 입양한 자식을 사랑하지 않는 부모도 있어. 그래도 우리를 입양한 부모님에게 잘하면 그분들도 우리를 사랑하기 시작할 거고, 그러면 사랑받을 수 있을 거야.

프레데릭 인생에서 성공하기 위해 가족 사랑 외에 또 어떤 게 필요할까?

마루아 친구요. 친구가 없으면 외로워지고 슬퍼질 거예요. 친구가 있으면 우리는 행복할 수 있어요.

프레데릭 이번에는 조금 다른 질문인데, 너희가 생각하기에 인생에 의미가 있니?

마리엠 저는 의미가 있다고 생각하지만 어떻게 설명해야 될지 모르겠어요.

아맹 인생에는 분명히 의미가 있어. 그렇지 않으면 우리가 살아야 하는 이유가 없잖아?

아이들이 웃는다.

라얀 인생에 의미가 없다면 행복하게 살 수 없을 거야.

아유브 나도 인생에 의미가 있다고 생각해. 살다 보면, 당장은 원하는 것을 얻지 못해도 나중에 더 나은 것을 얻는 경우가 종종 있기 때문에 삶은 의미가 있는 거야. 삶에는 항상 두 번째 기회가 있어.

아담	모든 사람의 인생에 의미가 있는지 나는 잘 모르겠어. 너무 가난하면 아무것도 할 수 없기 때문에 거리에서 헤매게 되고, 그럼 사는 의미가 없으니까.
마루아	맞아, 인생은 때로는 의미가 있고 때로는 의미가 없어. 너무 슬프면 인생에 의미가 없는 거야.
아맹	친구와 가족, 사촌, 함께 사랑을 나눌 사람들이 있기 때문에 인생은 의미가 있어. 그렇지 않으면 인생은 의미가 없을 거야. 우리가 행복할 때 인생은 의미가 있어.
프레데릭	인생에 어떤 가치가 있다고 생각하는 사람 있니?
아유브	저요.
프레데릭	왜 그렇게 생각하니, 아유브?
아유브	하고 싶은 것을 선택할 수 있기 때문이에요.
아맹	맞아! 인생의 의미란 하고 싶은 것을 하는 거야. 예를 들면, 나는 어른이 되면 더 이상 전쟁이 없는 세상을 만들고 싶어.
마리엠	인생을 살면서 우리가 자유롭게 무엇을 만들 수 있다는 것은 사실이야. 그리고 원하는 것을 할 수 있고 그걸 어떤 사람도 방해하지 못한다는 것도 사실이야. 물론 우리가 어릴 때 부모님은 예외지만.
아맹	나는 동의하지 않아. 자유란 자기가 하고 싶은 대로 전부 하는 게 아니야. 가끔 우리는 나쁜 짓도 하게 되니까.
프레데릭	네가 말하는 자유의 한계란 다른 사람을 존중해야 된다는

거니?

아맹   네.

아담   친구에 대해서 말했는데, 아니야. 친구가 있다는 게 그렇게 중요한 게 아니야.

프레데릭   왜?

아담   형제나 자매가 있으니까요. 우리는 친구들은 오랫동안 사랑하지 않아요.

프레데릭   너희는 아담의 말을 어떻게 생각하니? 이제까지 말하지 않은 사람이 말해보렴.

오메르   친구가 있다는 건 매우 중요해. 우리가 크면 가족을 떠나 혼자 살게 되는데, 친구가 없으면 사는 게 지겨울 거야.

아유브   나는 아담의 말에 조금은 동의해. 나중에 형제가 떠나고 우리가 결혼하면 아이들이 생겨. 그러면 또다시 가장 중요한 건 자기 가족이잖아.

프레데릭   성공한 삶을 살기 위해서는 가족이 있어야 된다는 말에 너희 모두 동의하니?

아맹   반드시 그렇지는 않아요. 스테파니 선생님이 말씀하셨던 것처럼 결혼할지, 아니면 하지 않을지 우리가 선택하기 나름이에요.

마루아   나는 결혼하지 않아도 성공한 삶을 살 수 있다고 생각해. 형제, 자매, 조카가 있기 때문이야. 절대로 외롭지 않을 거야.

프레데릭 너희는 지금까지 사랑과 가족에 대해서 많은 말을 했단다. 그런데 너희는 성공한 삶을 살기 위해서 많은 돈이 필요하다고 생각하지는 않니?

대부분 "아니요"라고 대답한다.

프레데릭 성공한 삶을 살기 위해서는 반드시 돈이 필요하다고 생각하는 사람이 한 사람도 없니?

하산 있어요. 먹을 것을 사고 청구서를 지불하고 친구들에게 선물하고 아이들을 기쁘게 해주기 위해서는 돈이 필요해요. 그렇지만 너무 많은 돈이 필요한 건 아니에요.

아유브 돈이 많은 게 좋아. 돈이 많으면 가난한 사람에게 줄 수 있잖아.

마루야 돈이 많으면 나는 절반은 가난한 사람에게 나눠줄 거야.

아맹 돈이 전부가 아니야. 가난한 나라에 행복한 사람이 더 많고, 부유한 나라에 오히려 불행한 사람이 더 많아.

프레데릭 왜 그럴까?

아맹 돈이 아주 많으면 원하는 것을 모두 살 수 있어 행복할 거예요. 그렇지만 머잖아 싫증이 나고 슬퍼지게 될 거예요. 반면에 가난한 사람은 항상 어떤 것을 기대하고 있고, 가끔이지만 원하는 것을 얻으면 정말로 기쁠 테니까요.

살마 돈은 너무 많아도 좋지 않고 너무 없어도 안 돼.

마루야 맞아, 중간이 좋아.

아유브	나는 살마 생각에 동의하지 않아. 돈이 많으면 가난한 사람에게 줄 수 있어서 가난한 사람이 도움을 받을 수 있기 때문이야.
프레데릭	너희는 돈을 많이 버는 사람이 가난한 사람에게 많이 나눠 주고 있다고 생각하니?
아유브	아니요. 부자들은 가난한 사람보다 자신을 먼저 생각해요.

철학교실의
20가지
주요 개념

사랑

> "우리의 모든 행복과 불행은 하나의 지점에서 갈라진다. '우리가 온 마음을
> 다해 사랑하는 것이 무엇인가'라는 하나의 지점에 달려 있다." _바뤼흐 스피노자,
> 《에티카》

문제 제기

'내가 너를 사랑한다'고 말하는 것은 무엇을 의미하는가? 부모를 사랑하는
것과 친구, 그리고 애인을 사랑하는 것 사이에 차이는 무엇인가? 나는 모든
사람을 사랑할 수 있는가? 사랑은 오직 하나의 선택을 요구하는가? 사랑은
감정인가, 감성인가, 생각인가, 행동인가?

이것이 아니다

증오 : 증오는 사랑이 아니다. 증오는 거절당한 사랑이나 죽음 또는 사랑의
절망에서 비롯되는 부정적인 감정이다.
ex 나는 배신한 친구를 증오할 수 있다.

이런 것으로 이루어진다

1) **에로스** : 육체의 욕망과 분리되지 않는다. 나는 나에게 부족한 것을 사랑
하며, 갈망한다. 에로스의 특징은 '사랑-열정'이며 '사랑-선택'이다.

ex 플라톤에 따르면, 동일한 하나의 존재였던 연인이 제우스에 의해서 분리되었다. 그리고 사랑은 절반으로 나뉜 존재를 다시 하나로 모은다.

2) 필리아 : 우정. 있는 그대로를 사랑하는 두 존재 사이에서 서로를 이끄는 성향이다. 필리아의 특징은 '사랑-기쁨'이며 '사랑-선별'이다.

ex 아리스토텔레스에 따르면, 진정한 우정은 친구를 통해 있는 그대로의 자신의 모습을 볼 수 있게 해주는 거울이며, 행복에 이르게 하는 고귀한 사랑이다.

3) 아가페 : 이웃 사랑. 나는 보편적 관점에서 인간을 사랑한다. 아가페의 특징은 '사랑-자비'다.

ex 예수에 따르면 이웃 사랑은 친구와 적(원수)을 차별하지 않는다. 우리는 사랑할 사람을 선택하지 않으며, 모든 이웃을 자기 자신처럼 사랑한다.

어원
사랑amour은 라틴어 '아모르amor'에서 파생되었으며, 애정 또는 열렬한 욕망을 의미한다.

핵심적인 정의
사랑은 인간의 심층적인 감정이며, 애정·부드러움·육체적 매력을 포함하는 다양한 면을 지닌다.

인용과 성찰
"우리가 소유하지 않은 것, 우리가 아닌 것, 우리에게 부족한 것, 그것이 바로 욕망의 대상이며 사랑의 대상이다." _플라톤, 《향연》
사랑에 결함이 있다면, 그것이 우리의 기대를 충족시킬 수 있을까? 사랑하는 사람을 마치 물건처럼 소유할 수 있을까? 종속적인 사랑이 과연 우리를 행복하게 만들 수 있을까?

"사랑은 온 마음으로 희락을 느끼는 것이다." _아리스토텔레스, 《니코마코스 윤리학》
사랑이 우리에게 가치 있는 이유는 무엇인가? '자기 사랑'은 이기적인가?

내가 나 자신을 사랑하지 않는데 다른 사람이 나를 사랑할 수 있을까? 그 사람에게 사랑받지 않는데도 그 사람을 사랑할 수 있을까?

"사랑은 누구에게든지 활짝 열려져 있으며, 조건 없는 긍정이다. 사랑은 자신에게 있는 최상의 것을 내기에 걸면서, 사람들이 있는 그대로의 존재로서 자신을 사랑하게 만드는 약속이다."_파브리스 미달Fabrice Midal, 《솔직한 사랑L'Amour à découvert》

다른 사람의 변화를 바라는 것이 진정 그를 사랑하는 것인가? 우리는 사랑하는 사람의 모든 것을 있는 그대로 받아들일 수 있는가? 사랑의 증거 없이 사랑이 존재할 수 있는가?

참고 자료 _____

책 : 《향연》, 플라톤 / 《니코마코스 윤리학》, 아리스토텔레스 / 《로미오와 줄리엣》, 윌리엄 셰익스피어 / 《참을 수 없는 존재의 가벼움》, 밀란 쿤데라 / 《사랑과 외로움에 대하여》, 지두 크리슈나무르티

영화 : 〈줄 앤 짐〉, 프랑수아 트뤼포 / 〈이터널 선샤인〉, 미셸 공드리 / 〈브로크백 마운틴〉, 이안 / 〈사랑〉, 미카엘 하네케

만화 : 《열세 살遙かな町へ》, 다니구치 지로

돈

"돈은 선한 종인 동시에 악한 주인이다." _프랜시스 베이컨

문제 제기

돈이란 무엇인가? 돈은 무슨 소용이 있는가? 돈은 수단인가, 아니면 목적인가? 돈을 사용해야 되는가, 아니면 모아야 하는가? 돈은 가치가 있는가? 어떤 근거로 돈이 사회적인 협약이 되었는가?

이것이 아니다

무상 : 무상은 아무것도 지불하지 않는다는 특성을 지니며, 행위에 대한 보상 없이 주어진다.

 프랑스에서 공교육은 무상이며, 학생은 학교에 다니기 위해 돈을 지불하지 않는다.

이것과 다르다

1) 물물교환 : 같은 가치로 여겨지는 재물과 재물, 서비스와 서비스 사이의 직접적인 교환이기에 화폐를 매개로 하지 않는다.

"유용한 물건을 얻기 위해서 우리가 소유하고 있는 다른 물건과 맞교환한다.

예를 들면 밀을 주고 그에 상응하는 포도주를 받는다."_아리스토텔레스, 《정치학》

2) **기부** : 우리가 가지고 있는 것을 제공하는 행위. 이해관계 없이 이루어질 수 있으나, 개인 사이의 관계를 맺어주기 때문에 그에 대한 보상으로 다른 기부를 기대할 수 있다.

ex 선물을 주는 것은 보상을 요구하지 않는 관대한 기부다. 그러나 우리가 다른 사람에게 미소를 지을 때, 우리는 그에 대한 보상으로 상대의 미소를 기대하지 않는가?

어원

돈argent은 빛이 나고 소중한 금속을 의미하는 라틴어 '아르젠툼argentum'에서 유래했다.

핵심적인 정의

재화와 용역의 교환을 원활하게 하는 가치 기준으로서 돈은 교환경제 사회에서 통용되는 일반적인 교환 수단이다. 화폐는 상업을 가능하게 하며, 우리가 지불하는 재화와 지식, 방법에 상응하는 가격과 가치를 정한다.

인용과 성찰

"나는 못생겼어도 나를 위해서 가장 아름다운 여인을 얻을 수 있다. 따라서 나는 못생기지 않았다. 추함과 혐오의 부정적인 힘이 돈에 의해서 무효가 되기 때문이다."_카를 마르크스, 《1844년 경제학-철학 초고》

돈은 전능한가? 돈은 우리를 모든 것을 할 수 있는 전능자로 만드는가? 돈만 있으면 자신을 위해서 모든 것을 살 수 있는가? 무엇 때문에 돈이 인간관계를 타락하게 만드는가?

"돈은 부자가 원하는 것이지만, 가난한 사람에게도 행복을 주기에 충분하다. 가난한 사람의 상상과는 달리 돈은 부자를 행복하게 만들기에 충분하지 않다."_장 도르메송Jean d'Ormesson, 《살아 있는 것이 행복이다》

돈은 행복을 주는가? 돈은 이기심을 부추기는가? 돈은 인간을 불행하게 만드는 수단인가?

"돈을 사랑하는 어떤 사람도 자기가 소유하고 있는 돈에 결코 만족하지 않는다." _전도서

돈을 사랑하는 것이 문제인가? 우리는 돈의 노예가 될 수 있는가? 어떤 종류의 돈이든 돈을 소유하는 것이 좋은가? 돈을 모으고자 하는 욕망이 우리를 부정직하게 만드는가? '돈에는 냄새가 없다'는 말은 무엇을 의미하는가? '더러운 돈'이란 무엇인가?

참고 자료

책 : 《수전노》, 몰리에르 / 《크리스마스 캐럴》, 찰스 디킨스 / 《돈의 철학》, 게오르그 짐멜 / 《증여론》, 마르셀 모스
영화 : 〈더 울프 오브 월 스트리트〉, 마틴 스콜세지 / 🙂〈크리스마스 캐롤〉, 로버트 저메키스
시리즈 : 〈심슨네 가족들〉
만화 : 《에메랄드 강도 사건》, 블렝지노Blengino, 사르시온Sarchione, 피에리Pieri

※ 🙂 아이도 이해할 수 있는 자료

예술

"모든 예술은 거울과 같다. 예술을 통해 사람은 미처 몰랐던 자신의 존재를 알고, 인정하게 된다."_알랭Alain [본명 에밀 오귀스트 샤르티에Émile Auguste Chartier], 《미술에 대한 열 가지 교훈Vingt leçons sur les Beaux-Arts》

문제 제기

예술 작품이란 무엇인가? 예술은 어떤 목적을 지니는가? 예술은 단지 장식적인 기능만 있는가? 예술가란 무엇인가? 어떤 면에서 예술가는 장인과 다른가?

이것이 아니다

1) **자연** : 우주를 구성하는 물리적인 세계로서, 존재와 사물의 전부다. 자연은 인위적인 세상에서 벗어나며, 인간에 의해서 변형되지 않는다.

ex 원시림에 있는 나무는 인간에 의해서 변형되지 않는다. 그와 반대로 나무를 표현한 그림은 나무에 대한 예술가의 주관적인 관점에 따라 달라진다.

2) **과학** : 사람이 지각할 수 있는 증거를 제공하며, 결과에 대해 객관성을 지닌 경험과 지식을 통해서 확인할 수 있는 지식이다.

ex 물리학은 자연을 연구한다. 그리고 사회학은 인간의 행동을 설명한다.

이것과 다르다

수공업 : 수공업에서는 사전에 정해진 제조 방법과 사용 목적을 위한 규칙이 적용된다. 수공업을 통해 생산된 물건은 용도가 정해져 있으며, 용도에 알맞은 기능을 지니고 있다.

ex 생활비를 벌기 위해서 제빵 기술자는 사람들이 맛있게 사 먹을 수 있는 빵과 케이크를 만든다.

어원

예술art은 라틴어 '아르스ars'에서 파생되었으며, 원래는 예술가와 장인에게서 발견되는 노하우를 의미한다.

핵심적인 정의

예술은 영감, 숙련, 기술, 사물의 변화를 결합하는 인간의 활동을 통해 작품을 창조하는 것이다.

인용과 성찰

"예술은 아름다운 대상을 표현하는 것을 원하지 않고, 대상의 아름다운 표현을 원한다."_이마누엘 칸트, 《판단력 비판》

예술은 다만 아름다워야 하는가? 사람에게 유익해야 되는가? 예술은 무엇에 소용될 수 있는가?

"예술은 보이는 것을 표현하지 않는다. 보이지 않는 것을 보이게 하는 것이 예술이다."_파울 클레, 《창작자의 신조Credo du créateur》

예술은 자연을 제한하는가? 예술은 우리로 하여금 세상의 아름다움을 감상하게 하는가? 예술은 우리가 세상을 보다 잘 이해하도록 도와주는가? 예술은 우리의 삶을 개선하는가?

"예술은 완전한 자유의 공간인가?"_앙드레 쉬아레스André Suarès

예술은 창조하는 것인가, 아니면 복사하는 것인가? 예술가는 자유롭게 모든 것을 창조할 수 있는가, 아니면 제한적인가? 모든 것이 예술의 대상이 될 수 있는가?

참고 자료

책 : 《판단력 비판》, 이마누엘 칸트 / 《미학강의》, 게오르크 빌헬름 프리드리히 헤겔 / 《의지와 표상으로서의 세계》, 아르투어 쇼펜하우어 / 《테오에게 보내는 편지》, 빈센트 반 고흐 / 〈요나 혹은 작업 중의 예술가〉, 《적지와 왕국》, 알베르 카뮈

영화 : 〈아마데우스〉, 밀로시 포르만 / ◉〈르 타블로Le Tableau〉, 장 프랑수아 라귀니Jean-François Laguionie / 〈세상의 소금〉, 빔 벤더스, 훌리아노 리베이로 살가두

시리즈: 〈다빈치 디몬스〉, 데이비드 고이어

만화: ◉〈레오나르도, 영원한 천재Léonard, génie à toute heure〉, 드그루De Groot, 투르크Turk

타인

"타인은 자기 세계를 이루는 중요한 부분이다. (…) 가장 확실한 성벽은 우리의 형제, 이웃, 친구 또는 적이지만, 동시에 우리 주변에는 항상 위대한 영웅들이 있다." _미셸 투르니에, 《방드르디, 태평양의 끝》

문제 제기

타인이란 누구인가? 그는 나와 닮았는가? 나와 타인의 근본적인 차이는 무엇인가? 다른 사람들에게 '나'는 누구인가? 타인을 통해 나는 무엇을 알 수 있는가?

이것이 아니다

나 : '나'는 타인이 아니다. 나라는 존재는 단수 주어이며 자기 자신의 유일한 역사, 고유한 경험, 특별한 자질, 결점의 총체로서의 '나'가 구체화하는 독창적인 주체다.

ex 나, 사만타, 아홉 살, 몽펠리에 출신 등은 나를 이루는 특별한 요소다.

이런 것으로 이루어진다

1) **다른 것** : 타인은 나와 다르며, 내가 아닌 모든 사람의 전체다. 그렇다면 짐승처럼 감각이 있고 살아 있는 다른 존재 역시 '타인'의 개념으로 볼 수 있

는가?

ex 나의 부모, 친구, 사촌, 미지의 인물.

2) 같은 것 : 내가 아닌 다른 사람은 분명히 타인이지만 나와 비슷하며, 많은
점에서 닮았다. 너와 나의 분명한 차이에도 불구하고 나와 타인은 우리로
서, 유사한 특성으로 인해 동일한 '인류'에 속한다.

ex 서로 다른 언어를 사용하지만 타인과 나는 사람으로서 같은 얼굴을 가지고 있으며, 우
리는 서로에게 미소를 보낼 수 있고, 때로는 서로에게 인상을 찌푸릴 수 있다.

어원

타인Autrui은 '다름'을 의미하는 라틴어 '알테르alter'에서 파생되었다. 다시 말
내가 아니다.

핵심적인 정의

타인은 '다른 자아alter ego'이며, '다른 나'다. 타인은 나와 다른 사람이다. 너
와 나의 차이에 따른 이질성은 서로를 이해하는 데 어려움을 겪게 만든다.
초월적 주체로서의 '에고ego'는 다른 '나'인 동시에 하나의 '너'다. 타인과 나
는 서로의 대화에서 보듯이 '우리'로 관계 맺어주는 공동의 세상에서 함께
살고 있다.

인용과 성찰

"'네가 대접받고 싶은 대로 너희도 남을 대접하라'는 성경 구절은 유명한
금언으로, 모든 사람의 내면에 본능적으로 존재하는 선의에 대한 영감을
일깨워주었다. 완전하지는 않지만 이전의 금언, 이를테면 '타인의 악을 악
으로 갚지 말고 선을 베풀라'는 명제에 비해 유익하다."_장자크 루소, 《인간 불평
등 기원론》

타인도 내가 원하는 것을 똑같이 원하는가? 다른 사람이 무엇을 원하는지
내가 알 수 있는가?

"대화를 통해 나와 타인 사이에 공통의 영역이 세워진다. 나의 생각과 그의 생각은 우리 사이에서(…) 어떤 사람도 창조자가 될 수 없는 하나의 유일한 조직을 만들 뿐이다."_모리스 메를로퐁티, 《지각의 현상학》

무엇 때문에 다른 사람과의 대화가 중요한가? 우리는 대화를 통해서 다른 사람에 대해 더 잘 알 수 있는가? 다른 사람과 대화하면서 우리의 관점을 바꿀 수 있는가?

"타인은 나와 나 자신 사이에서 반드시 필요한 중개자다."_장 폴 사르트르, 《존재와 무》

무엇 때문에 다른 사람이 나라는 존재의 거울이 될 수 있는가? 우리는 타인의 시선을 두려워해야 되는가? 자신에 대한 인식은 반드시 타인을 전제하는가?

참고 자료

책 : 《인간 불평등 기원론》, 장 자크 루소 / 《닫힌 방》, 장 폴 사르트르 / 《엔더의 게임》, 《사자死者의 대변인》, 오슨 스콧 카드
영화 : 🙂〈엘리펀트 맨〉, 데이비드 린치 / 🙂〈포카혼타스〉, 마이크 가브리엘, 에릭 골드버그 / 〈엑스맨〉, 브라이언 싱어 /〈렛 미 인〉, 토마스 알프레드손
시리즈 : 〈트루 블러드〉, 앨런 볼
만화 : 🙂〈네안데르탈인Neandertal〉, 에마뉘엘 루디에Emmanuel Roudier

아름다움

"아름다움, 그것은 진정한 신비이며 영혼보다 훨씬 깊고 흥미로운 신비다."
_크리스티앙 보뱅, 《아시시의 프란체스코》

문제 제기

아름다움이란 무엇인가? 아름다움은 중요한가? 어떤 대상의 아름다움에 모든 사람이 동의할 수 있는가? 맛과 색감은 사람에 따라 다른가?

이것이 아니다

추함 : 혐오스럽고, 불쾌하며, 역겹고, 흉한 것이다.

ex 소설 또는 영화에서 종종 볼 수 있는 '살아 있는 시체'는 추하며, 괴물같이 혐오스러운 모습으로 우리에게 두려움을 느끼게 한다.

이것과 다르다

1) **유용**有用 : 필요에 따라 사용할 수 있는 것으로, 효과적이며 기능적이다.

ex 시계는 시간을 알기 위해 사용하는 것이다.

2) **유쾌함** : 사람을 만족시킬 수 있도록 호감을 주는 것이다.

ex 더운 날씨에 시원한 오렌지 주스를 마시는 것은 유쾌하다.

어원

아름다움beauté은 사랑스럽고 매력적이며 예쁘고 섬세한 것을 의미하는 라틴어 '벨루스bellus'에서 파생되었다.

핵심적인 정의

아름다움은 그 자체로 사람을 기쁘게 한다. 아름다움은 사람에게 감동적인 기쁨을 주고, 미적인 감동과 감각적인 표현으로 지적인 만족을 느끼게 한다. 아름다움은 타인과 함께 그것을 나누고자 하는 마음을 불러일으킨다.

인용과 성찰

*"아름다움은 진실과 마찬가지로 사람이 사는 시간과 장소, 그리고 그것을 인지하는 개인에 따라 변할 수 있는 상대적인 가치다."*_구스타브 쿠르베

우리는 아름다움에 객관적인 기준을 제시할 수 있는가? 아름다움은 인간의 주관적인 관점에 종속되는 것이 아닌가? 또한 아름다움은 인간의 역사와 문화에 종속되지 않는가?

*"아름다움은 그것을 바라보는 사람의 눈에 달려 있다."*_오스카 와일드

우리를 아름답게 만드는 것은 다른 사람의 시선인가? 다른 사람의 아름다움은 자신에게 기쁨인가, 아니면 고통인가? 아름다움은 자연의 선물인가, 아니면 의지의 산물인가?

*"진정한 단순성이 '선善'과 아름다움을 맺어준다."*_플라톤, 《국가》

아름다움은 특별한 의미가 있는가? 아름다운 사람은 선한가? 세상과 풍경, 그림의 아름다움이 인간의 삶에 중요한 의미를 지니는가?

참고 자료 _____

책 : 《도리언 그레이의 초상》, 오스카 와일드 / 《아름다움을 훔치다》, 파스칼 브뤼크네르 /
《아름다움에 대한 절대적 욕망》, 프랑수아 쳉
영화 : 〈아메리칸 뷰티〉, 샘 멘데스 / 🎭〈미녀와 야수〉, 게리 트러스데일, 커크 와이즈
만화 : 《평범한 전쟁 Le Combat ordinaire》, 마뉘 라르스네 Manu Larcenet

행복

문제 제기

행복하다는 것은 무엇인가? 행복은 각자에게 달려 있는가? 우리가 노력하
면 행복을 얻을 수 있는가? 행복은 개인적인 유전자나 감성에서 비롯되는
가? 행복은 외부 상황과 요인에 따라 결정되는가? 또는, 행복은 자신을 바
라보는 우리의 시선에 달려 있는가? 행복은 우리의 선택에 의한 것이 아
닌가?

이것이 아니다

불행 : 마음속 깊이 불만족스러우며, 심한 고통을 느끼는 비참한 상태다.
ex 방금 사고로 부모를 잃은 아이는 불행하다.

이것과 다르다

1) **기쁨** : 우리에게 닥친 필요와 욕망, 결핍과 과잉에 잘 적응하는 때, 다시
말해 감각적이며 순간적으로 만족한 심리 상태를 말한다.

ex 뜨거운 햇살 아래에서 열심히 달린 다음에 물을 한 모금 마시는 것이 얼마나 기쁜가? 여기에서 '목이 마르다'는 것은 채우고 싶은 욕망을 말한다. 그리고 '잘 마셨다'는 것은 마신 뒤의 만족을 나타낸다.

2) 환희 : 기쁨이 넘쳐 흥분된 감정이며, 호의적인 환경과 유쾌한 사건 때문에 큰 만족을 느끼는 상태다. 이는 한정된 시간 동안에 느끼는 만족스러운 감정이다.

ex 오랫동안 노력하며 준비한 시험에 합격해서 환희로 가슴이 벅차다.

어원

행복bonheur은 '좋은bon'과 '시간heur'의 합성어이자 '좋은 점괘'라는 뜻을 지닌 단어로, 의도하지 않았던 행운과 관련이 있다.

핵심적인 정의

행복은 순간적인 기쁨을 넘어 전반적이며 지속적으로 만족하는 심리 상태다.

인용과 성찰

"나는 그것이 떠나는 소리를 들으면서 비로소 행복이라는 것을 알 수 있었다."_자크 프레베르, 《말》

우리는 행복을 감각으로 느낄 수 있는가? 행복을 알기 위해서 불행했던 과거의 경험이 반드시 필요한가? 행복은 단지 향수에 젖는 것이 아닌가? 행복하려면 우리는 무엇을 기다려야 하는가?

"이것이 바로 우리가 기쁨이 행복한 삶의 시작이자 마지막이라고 말하는 이유다."_에피쿠로스, 《메노이케우스에게 보내는 편지》

기쁘면 행복한 것인가? 기쁨을 느끼지 못하면서 행복한 것이 가능한가? 기쁨을 누리는 삶은 행복한 삶인가? 행복하기 위해서 우리는 이성적이어야 하는가?

"제비 한 마리가 왔다고 봄은 아니다. 이처럼 인간의 행복도 단 하루의 결실이 아니며, 단기간에 이룰 수 있는 것이 아니다." _아리스토텔레스, 《니코마코스 윤리학》

'나는 행복하다'는 말을 언제 할 수 있는가? 우리는 더 많은 행복을 원해야 하는가? 어떤 환경에서도 인간은 행복할 수 있는가? 혼자 있어도 인간은 행복할 수 있는가?

참고 자료

책 : 《니코마코스 윤리학》, 아리스토텔레스 / 《메노이케우스에게 보내는 편지》, 에피쿠로스 / 《행복론》, 알랭 / 《행복을 철학하다》, 프레데릭 르누아르
영화 : 〈아멜리에〉, 장피에르 죄네 / ⊙〈정글북〉, 울프강 라이트만
만화 : ⊙《지아 플로라Zia Flora》, 파로누지Paronuzzi, 진다Djinda

육체와 정신

"영혼과 육체, 육체와 영혼- 그 안에 얼마나 많은 신비가 있는가! (…) 육체의 욕망이 멈추며 물질적인 탐욕이 멈추는 지점이 어디인지 분명히 말할 수 있는 사람이 있는가? (…) 정신과 물질의 분리, 그리고 정신과 물질의 연합이라는 신비를 어떻게 인간의 언어로 설명할 수 있는가?" 오스카 와일드, 《도리언 그레이의 초상》

문제 제기

육체란 무엇인가? 그리고 영혼 또는 정신이란 무엇인가? 육체는 무엇을 생산하는가? 정신은 무엇을 생산하는가? 육체는 영혼과 전혀 다른 것인가?

이것이 아니다

광물 : 자연에 있는 고체이며 유기적인 것이 아니다.

ex 바위는 생명력이 없는 물체다.

이것과 다르다

의식 : 감동, 감정, 생각, 행위를 인지하는 능력이며, 두 가지 요소로 구성된다. 즉, 즉각적인 의식과 의도적인 의식으로 구별할 수 있다. 즉각적인 의식은 외부 세계로 향한다. 반면에 의도적인 의식은 자신에게 돌아오는 능력이다.

ex 악하다는 의식은 사람들이 잘못된 행동을 저질렀다고 판단하며, 자신의 잘못된 행동을 후회하는 것이다.

어원

육체corps는 살아 있든 아니든 상관없이 신체적인 요소를 가리키는 라틴어 '코르푸스corpus'에서 파생되었으며, 정신esprit은 숨결을 나타내는 라틴어 '스피리투스spiritus'에서 파생되었다.

핵심적인 정의

육체는 살과 신체 기관으로 구성되고 생명력을 지닌, 실제로 존재하는 물체다. 육체는 만질 수 있고, 진화하며, 한시적이다. 반면에 정신은 만질 수 없으며, 사유·성찰과 깊은 관계가 있다. 육체는 물리적이며 정신은 물질을 넘어 형이상학적이다.

인용과 성찰

"질병과 같은 육체의 악은 영혼의 언어다. 따라서 영혼을 치유하려 노력하지 않는다면 결코 육체를 치유할 수 없다."_플라톤

내 몸이 편하지 않는데 마음이 편안할 수 있는가? 내 마음이 편안하지 않은데 몸이 편할 수 있는가? '육체가 말한다'고 할 때, 이것은 무엇을 의미하는가?

"정신이 없이 육체가 존재할 수 없지만, 정신은 육체를 필요로 하지 않는다."_에라스뮈스

육체는 존재한다. 그렇다면 정신도 존재하는가? 육체는 정신이 없어도 존재할 수 있는가? 인간은 동물 가운데 정신을 소유하는 유일한 생명체인가? 정신은 개인적인 생명체에 속하는가, 아니면 보편적인가?

"우리는 육체만의 존재도 아니며 정신만의 존재도 아니다. 우리는 육체와 정신이 함께 어우러진 존재다."_조르주 상드 《내 인생 이야기Histoire de ma vie》

육체와 정신은 분리되었는가, 아니면 결합되었는가? 정신은 육체라는 배의

항해사인가? 육체는 정신에 영향을 끼치는가? 우리는 육체와 정신의 상호
작용을 알 수 있는가?

참고 자료

책 : 《파이돈》, 플라톤 / 《영혼에 관하여》, 아리스토텔레스 / 《성찰》, 르네 데카르트 / 《에티
카》, 바뤼흐 스피노자 / 《영혼의 무게 charge d'âme》, 로맹 가리

영화 : 😊〈스타워즈〉, 조지 루카스 / 〈씨 인사이드〉, 알레한드로 아메나바르 / 〈로렌스 애니
웨이〉, 자비에 돌란 / 〈그녀〉, 스파이크 존즈 / 〈아이 오리진스〉, 마이크 카힐

만화 : 😊《나루토》, 기시모토 마사시

욕망

"세상에 살면서 아무런 욕망도 품을 수 없는 자는 얼마나 불행한 자인가."

_장 자크 루소, 《신 엘로이즈》

문제 제기

'욕망을 품는다'는 말은 무엇을 의미하는가? 욕망을 품는 것이 인간을 행복하게 할 수 있는가? 우리는 욕망에서 자유로울 수 있는가? 우리는 욕망을 자신의 의지로 선택할 수 있는가? 욕망은 변하는가? 인간은 욕망을 품지 않고 살 수 있는가?

이것이 아니다

기쁨 : 즉각적이고 빠른 만족감이다.
ex 한여름의 뜨거운 햇살 아래에서 나는 아이스크림을 먹으면서 만족감을 느낀다.

이것과 다르다

1) 필요 : 생존을 위한 것이다. 필요에 부응하지 못한 상태에서 인간은 다른 선택을 할 수 없다. 따라서 필요는 생존을 위한 육체의 요구에 의해 결정된다.
ex 살기 위해서 인간은 물을 마시고 잠을 자야 한다.

2) **의지** : 지속적인 힘을 지니며 선택에 있어서 단호한 의사 표현이다. 단기간의 불만족스러운 상태에도 불구하고 장기간에 걸쳐 좋은 결과를 얻고자 하는 행동은 의지적인 인내다.

ex 대학 입학 자격을 취득하기 위해서 나는 친구들과 놀기 위해 외출하는 것보다 공부에 열중하겠다고 선택했다.

어원

욕망désir은 부재를 나타내는 라틴어 '데de'와 별을 니타내는 '시두스sidus'의 합성어에서 파생되었다. 그것은 문자적인 의미에서 향수鄕愁로, 사라진 별의 공백을 나타낸다. 욕망은 우리가 마음에 품고 있는 내성의 소유나 기치 실현을 갈망하는 것이다.

핵심적인 정의

욕망은 의식적인 긴장이다. 욕망은 우리가 필요로 하거나, 우리를 만족시킬 수 있다고 생각하는 어떤 대상의 중재를 통해서 만족을 추구하는 것이다. 욕망은 개인에 따라 다르다.

인용과 성찰

*"우리에게 없는 것, 우리와 다른 것, 우리에게 부족한 것, 그것이 바로 욕망과 사랑의 대상이다."*_플라톤, 《향연》

내가 무언가를 간절히 바랄 때 그것은 부재 때문인가, 아니면 욕망 때문인가? 나는 살면서 모든 욕망을 충족할 수 있는가? 나는 욕망의 노예가 될 수 있는가? 이미 가지고 있는 것에 대해서도 인간은 계속 욕망을 품을 수 있는가?

*"삶이 마치 시계추처럼 왼쪽에서 오른쪽으로, 고통에서 권태로 끊임없이 흔들리고 있다."*_아르투어 쇼펜하우어, 《의지와 표상으로서의 세계》

욕망을 추구하는 삶이 우리를 행복하게 할 수 있는가? 욕망을 충족하면 우리는 그것으로 만족할 수 있는가? 인간은 욕망을 절제해야 되는가? 나는 어떻게 욕망을 통제할 수 있는가?

"우리는 어떤 것이 좋다고 판단을 내리면 더 이상 욕망도 구미도 없다. 반면에 우리가 어떤 것에 욕망을 품을 때는 그것이 좋다고 판단한다."
_바뤼흐 스피노자, 《에티카》

나는 나의 욕망을 의식하고 있는가? 우리는 자신의 욕망에서 자유로운가, 아니면 욕망에 종속되는가? 나의 욕망은 다른 사람의 욕망에 얽매이지 않는가? 욕망은 나로 하여금 나 자신이 되게 할 수 있는가?

참고 자료

책 : 《향연》, 플라톤 / 《에티카》, 바뤼흐 스피노자 / 《동 쥐앙》, 몰리에르 / 《지상의 양식》, 앙드레 지드

영화 : 🙂〈토이 스토리〉, 존 래시터 / 🙂〈찰리와 초콜릿 공장〉, 팀 버튼 / 〈아이즈 와이드 셧〉, 스탠리 큐브릭 / 〈언더 더 스킨〉, 조너선 글레이저

시리즈 : 〈튜더스〉, 마이클 허스트

만화 : 《사피아의 마라톤 Le Marathon de Safia》, 켈라기요Quella-Guyot, 베르디에Verdier

의무

"의무란 일련의 연속된 동의다."_빅토르 위고, 《바다의 일꾼들》

문제 제기

나는 무엇을 해야 되는가? 인간으로서 나의 의무는 무엇인가? 사람이 아닌 동물도 의무가 있는가? 무엇 때문에 의무를 감당해야 하며, 의무를 지키는 것은 자유의지인가?

이것이 아니다

필수 : 생명을 유지하기 위해 필요 불가결하며, 우리가 반드시 응답해야 하는 것이다.

ex 잠은 원하든 원하지 않든 생존을 위해서 반드시 필요하다.

이것과 다르다

1) 속박 : 외부에서 가해지는 것으로, 따르기를 원하지 않더라도 자신의 의지와 상관없이 반드시 복종해야 되는 명령이나 법률 같은 것이다. 강제로 얽매기 위해서 법이나 권력을 남용할 우려가 있다.

ex 운전할 때 우리는 지나가는 사람이 없더라도, 아무리 바쁘더라도 적색 신호등에서 멈춰야 한다. 그것이 법이기 때문이며, 지키지 않으면 처벌을 받을 수 있다.

2) 책임 : 자신에 대한 약속이다. 또한 실천하도록 스스로에게 권장하는 것이다. 이처럼 자유롭게 선택하며, 자신의 의지로 스스로 내리는 결정이다.

ex 몸이 피곤하지만, 나는 피아노 레슨을 받으러 갈 거야.

어원

의무devoir는 '빚을 지다'라는 뜻을 나타내는 라틴어 '데베레debere'에서 파생되었다.

핵심적인 정의

의무는 제한이나 행위로 자신에게 가해지는 것이다. 도덕적·사회적·종교적·법적·직업적·개인적 이유 때문에 의무를 지키지 않을 수는 없다.

인용과 성찰

*"이것은 의무의 총합이다. 즉, '다른 사람이 너에게 하지 않기 원하는 것을 너도 그들에게 하지 말라'."*_《마하바라타》

의무에 복종하는 것이 반드시 필요한가? 내가 다른 사람에게 하고 싶은데도 그렇게 하면 안 되는 이유가 무엇인가? 다른 사람을 보호하는 것이 나의 당연한 의무인가?

*"의무란 자신에 대한 스스로의 명령을 존중하는 것이다."*_요한 볼프강 폰 괴테

'나는 의무를 다했다'는 말은 무엇을 의미하는가? 의무적으로 해야 되는 일을 과연 사랑할 수 있는가? 자신에게 스스로 가하는 명령을 사랑한다는 것은 속박인가, 아니면 책임인가?

*"의무에 복종하는 것은 자신의 의지와 욕망에 맞선 저항이다."*_앙리 베르그송.

《도덕과 종교의 두 원천》

의무에 복종하는 것은 자신에게 복종하는 것인가? 자신의 의무를 지키는
것은 일종의 희생인가? 의무에 복종하는 것은 위험한가? 의무를 지키는 것
에 한계가 있는가?

참고 자료

책 : 《윤리형이상학》, 이마누엘 칸트 / 《도덕과 종교의 두 원천》, 앙리 베르그송 / 《예루살렘
의 아이히만》, 한나 아렌트

영화 : 〈다크 나이트〉, 크리스토퍼 놀란 / 👤〈개미〉, 에릭 다넬, 팀 존슨

시리즈 : 〈24〉, 조엘 서노, 로버트 코크란

만화 : 👤《캘빈과 홉스Calvin and Hobbes》, 빌 워터슨

감정

"작은 감정이 인생의 큰 자산이라는 점과 미처 느끼지 못하는 사이에 우리가
감정에 복종하고 있다는 걸 잊지 말아라." _빈센트 반 고흐, 《테오에게 보내는 편지》

문제 제기

감정이란 무엇인가? 인간의 감정에는 어떤 것이 있는가? 감정은 우리에게
무엇을 보여주는가? 감정은 무언가를 미리 알리는 신호인가? 우리는 긍정
적인 감정과 부정적인 감정의 말을 구별할 수 있는가? 감정과 감성의 차이
는 무엇인가? 우리는 감정을 통제할 수 있는가?

이것이 아니다

이성 : 적합한 방식으로 현실을 가늠하고, 알며, 판단하면서 자신의 행동을
결정하는 능력이다.

> **ex** 이성의 사용은 우리를 이성적인 존재로 만든다. 다시 말해 이성은 바르게 행동하는 것
> 과 추론을 통한 논리적인 성찰을 가능하게 한다.

이것과 다르다

감성 : 사람이나 외적인 대상에게 지속적으로 품는 감정의 정서적 표현이다.

어원

감정émotion은 '움직이게 하다'는 의미의 라틴어 '모베레movere'에서 파생되었다.

핵심적인 정의

감정은 종종 일시적이며 예기치 않았던 사건에 의해서 촉발되는 의식의 긴장 상태다. 감정은 두려움·기쁨·슬픔·분노·수치 등의 분출이며, 목이 메거나 맥박이 빨라지고 얼굴이 붉어지며 탈진하는 것처럼 다양한 신체적 반응을 일으킨다. 감정은 변할 수 있으며, 지속되면 감성이나 열정이 되기도 한다.

인용과 성찰

"감정은 주체가 깊은 성찰에 이르게 내버려두지 않는 현재의 쾌감, 또는 불쾌감이다. 감정 때문에 주관적인 인상에 사로잡힌 정신은 자신에 대한 주도권을 상실하게 된다."_이마누엘 칸트, 《실용적 관점에서의 인간학》

무엇 때문에 인간의 감정을 일종의 충격이라고 말하는가? 왜 감정이 우리를 지배하는가? 인간은 감정을 어떻게 다룰 수 있는가?

"언어는 감정이 부족하다."_빅토르 위고, 《사형수 최후의 날》

'자신의 목소리 없이' 처신하는 것은 무엇을 의미하는가? 모든 것을 언어로 표현할 수 있는가? 언어는 감정을 정확하게 표현할 수 있는가?

"열정은 종종 잘못된 판단을 동반하며, 사람을 비이성적으로 행동하게 만든다. 정확히 말하면, 비이성적인 것은 열정이 아니라 잘못된 판단이다."
_데이비드 흄, 《인간 본성에 관한 논고》

어떻게 감정이 자신에 대한 정서적 표현인가? 우리는 자신의 감정을 평가
할 수 있는가?

참고 자료

책 : 《정념론》, 르네 데카르트 / 《세기아의 고백》, 알프레드 드 뮈세 / 《이방인》, 알베르 카뮈
/ 《감동론 소묘》, 장 폴 사르트르 / 《내 감정 사용법》, 프랑수아 를로르, 크리스토프 앙드레
영화 : 〈욕망이라는 이름의 전차〉, 엘리아 카잔 / 〈뻐꾸기 둥지 위로 날아간 새〉, 밀로시 포
르만 / ⬤ 〈인사이드 아웃〉, 피트 닥터, 로니 델 카르멘
만화 : 《창공》, 다니구치 지로

인간

"우리는 인간으로 태어나는 것이 아니라 더불어 살면서 인간이 되는 것이다." _에라스뮈스

문제 제기

인간이란 무엇인가? 인간은 다른 동물처럼 일종의 짐승인가? 자연에서 인간은 특별한 존재인가? 인간은 역사를 거치면서 변화했는가?

이것이 아니다

1) **기계** : 일종의 도구나 기구로서 인간의 조작에 따라 작동하고, 제시된 작업이나 임무를 자동적으로 완성하는 인간의 발명품이다.

ex 자동차나 비행기는 수월하게 이동하게 하는 기계다.

2) **식물** : 땅에 고정된 생물로서 자발적으로 이동하지 못한다. 식물은 동물과 다른 감각을 지녔으며, 일반적으로 빛 에너지를 이용해서 이산화탄소와 물로 유기물을 합성해 양분을 얻는 '독립영양'을 취한다.

ex 식물은 번식 수단으로 자신의 꽃을 이용한다.

이것에 속한다

1) **동물** : 살아 움직이는 동물은 식물과 달리 예민한 감각을 지니며, 스스로 장소를 이동하는 능력이 있다. 또한 동물은 종에 따라 각각 다른 인지능력을 가지고 본능적으로 행동한다.

ex 다양한 조사에 따르면 코끼리와 까치는 거울 속에 비치는 자신의 모습을 알아본다는 것이 증명되었다.

2) **자연** : 자연은 광물, 식물, 동물을 포함하며, 인간은 이 중 동물에 속한다. 자연은 유전자에 의한 유전법칙을 제공하는 특성이 있다. 출생할 때부터 어떤 행동은 유전적으로 타고나며, 이를 선천적인 행동이라고 말한다.

ex 자연에서 갓 태어난 거북이는 본능적으로 수영하며 바다를 찾는다. 반면에 신생아는 혼자 힘으로 살 수 없다.

3) **문화** : 개인은 세대를 거쳐 공동체 안에서 전해지는 문화유산과 교육을 통해 문화를 습득한다. 문화는 인간의 태생적 본능을 변화시킨다. 이처럼 인간은 '완성되지 않은' 상태로 태어나서 풍습과 신앙, 시대와 장소에 따라 변하고 발전하는 특별한 생활양식을 지닌다.

ex 인간이 믿는 신은 개별적인 문화에 따라 다르다. 기독교인에게는 삼위일체의 신이 있으며 이슬람교도에게는 알라가 있고, 잉카문명에서는 태양신이 있다. 그리고 힌두교에는 브라흐마, 비슈누, 시바가 있다.

어원

인간être humain은 사람을 의미하는 라틴어 '호모homo'에서 파생되었다.

핵심적인 정의

인간은 동물계의 포유류에 속한다. 하지만 '호모사피엔스'의 특성으로 인간을 정의하는 것은 완전하지 않다. 예를 들면, 수많은 동물이 인간처럼 도구를 사용하며 어떤 동물은 비록 열등한 수준이지만 자신의 언어를 소유하고 있다. 반면에 이성을 지닌 인간은 특별히 발달된 언어를 사용하며, 자기 성찰 태도와 추상개념, 그리고 영성을 지니고 있다.

인용과 성찰

"인간은 만들어진 것 외에 결코 다른 무엇이 아니다." _장 폴 사르트르, 《실존주의는 휴머니즘이다》

우리는 어떻게 인간이 되는가? 인간이 비인간적인 행위를 할 수 있는가? '이것이 인간의 본능이다'라는 말을 할 수 있는가?

"화가 날 때 소리치거나 사랑하면서 끌어안는 행동이 비위를 무르는 것보다 더 본능적이거나 덜 관습적인 것이 아니다. (…) 인간에게 있어서 본능적이라고 말할 수 있는 기본적인 행동에 인위적으로 만들어진 문화적·정신적 세계를 덧붙이는 것은 불가능하다. 인간에게는 모든 것이 만들어진 것이며 본능적인 것이다." _모리스 메를로퐁티, 《지각의 현상학》

어떤 근거로 인간을 본능적인 존재라고 말하는가? 무엇 때문에 인간을 문화적인 동물이라고 말하는가? 우는 것은 여성적인 태도인가? 문화가 도리어 인간성을 말살할 수 있는가?

"살아 있는 모든 유기체와 마찬가지로 인간 역시 유전적으로 프로그램이 정해졌지만, 인간은 다른 유기체와 달리 이미 결정된 것이 아니라 배우기 위해서 정해진 것이다. (…) 그것의 구체화는 주변과의 상호작용에 의해서 일생 동안 서서히 형성된다." _프랑수아 자코브, 《가능성의 게임 Le Jeu des possibles》

인간은 변할 수 있는가? 가정환경이나 문화적인 배경 같은 주변 환경이 무엇 때문에 인간에게 영향을 끼치는가? 인간은 어떻게 자신의 행동을 바꿀 수 있는가?

참고 자료

책 : 《인간적인, 너무나 인간적인》, 프리드리히 니체 / 《실존주의는 휴머니즘이다》, 장 폴 사르트르 / 《나는 왜 아버지를 잡아먹었나》, 로이 루이스

영화 : 〈불을 찾아서〉, 장자크 아노 / 🎬〈아다마Adama〉, 시몬 루비Simon Rouby

시리즈 : 〈리얼 휴먼Real Humans〉, 하랄트 함렐Harald Hamrell, 레반 아킨Levan Akin

만화 : 🎬《슈닌켈의 위대한 힘Le Grand Pouvoir du Chninkel》, 반 암 Van Hamme, 로진스키 Rosinski

자유

문제 제기

우리는 공기처럼 자유로울 수 있는가? 자유롭다는 것은 원하는 모든 것을 할 수 있다는 의미인가? 자유란 속박이 전혀 없는 상태인가?

이것이 아니다

굴종 : 자율성이 없는 존재가 그를 지배하는 권력과 권위에 전적으로 복종하는 상태를 말한다.

ex 노예는 선택할 수 있는 권리가 없는 개인이다. 노예는 자신을 물건처럼 다루는 주인의 지배를 받는다.

이것과 다르다

방종 : 자유의 과잉이다. 우리를 통제하는 내·외부의 장애가 전혀 없다면, 우리는 '속박의 부재'라는 헛된 착각 때문에 모든 것이 가능하거나 허용된다고 생각한다.

ex 잠을 자러 가지 않기 위해서 투정을 부리는 아이는 놀고 싶기 때문이다.

결정론 : '자유의 부재'다. 모든 사유나 행동이 우리를 사전에 정해진 대로 행동하게 만드는 어떤 원인에 따른 필연적인 결과라는 견해다.

ex 스피노자는 돌이 구르는 경우를 비유로 들면서, 그것이 돌의 움직임을 일으키는 외부의 동작에 따른 필연적인 결과라고 설명한다.

어원

자유liberté는 노예가 아닌 사람이라는 의미의 라틴어 '리베르liber'에서 파생되었다.

핵심적인 정의

자유는 죄수나 노예가 아닌 사람이 다른 사람을 존중하되 행동, 표현, 생각에서 제약이 없는 상태다. 이를테면 자율적인 존재로서의 인간은 일체의 행동 규범을 스스로 주도할 수 있다.

인용과 성찰

"가장 나약한 영혼을 지닌 사람들조차 열정에 있어서는 절대적인 제국을 소유할 수 있다." _르네 데카르트, 《정념론》

자신의 생각을 언제든지 자유롭게 말할 수 있는가? 자유는 이성에 종속되는가? 법률에 복종하면 자유가 제약되는가? 선택한다는 것은 다른 것을 포기하는 것인가?

"사람들은 자신의 행동을 인식한다는 유일한 이유 때문에, 그리고 자신의 행동이 이미 결정되었음을 모른다는 이유 때문에 자신이 자유롭다고 믿는다." _바뤼흐 스피노자, 《쉴러에게 보내는 편지Lettre à Schuller》

나는 두려움과 갈증에 대해서 자유로운가? 무지한 자는 자유로운가? 우리를 결정짓는 것에서 벗어나 자유로울 수 있는가? 운명을 의식하는 것이 우리를 자유롭게 하는가?

"인간은 자유로운 존재로 판결받았다."_장 폴 사르트르, 《실존주의는 휴머니즘이다》

자유로워지는 것이 왜 어려운가? 우리는 선택할 때 강요받는가? 책임 없는 자유가 존재할 수 있는가? 자제가 가능한가? 우리는 자유로워지는 방법을 배울 수 있는가?

참고 자료

책 : 《고르기아스》, 플라톤 / 《정념론》, 르네 데카르트 / 《칼리굴라》, 알베르 카뮈 / 《실존주의는 휴머니즘이다》, 장 폴 사르트르

영화 : 〈가타카〉, 앤드루 니콜 / 〈마이너리티 리포트〉, 스티븐 스필버그 / 🌀〈마다가스카〉, 에릭 다넬, 톰 맥그래스 / 〈더 박스〉, 리처드 켈리 / 〈크로니클〉, 조시 트랭크

시리즈 : 〈렉티파이〉, 레이 매키넌

만화 : 《셰에라자드Sharaz-De》, 세르조 토피Sergio Toppi

도덕

문제 제기

나는 무엇을 해야 하는가? 내가 취해야 하는 행동을 어떻게 조명하며 인도할 수 있는가? 우리는 법이 두려워서 선을 행하는가? 아니면 신중해서 법을 따르는가? 다른 사람이 나에게 하는 어떤 행동을 원하지 않는다면 나도 다른 사람에게 그렇게 하지 말아야 하는가?

이것이 아니다

1) 무도덕 : 도덕의 부재다. 그리고 배덕은 선과 악을 고려하지 않고 행동하게 만드는 비도덕적인 태도다.

ex 고양이가 새를 죽였을 때 우리는 죄악이라고 말하지 않는다. 고양이의 행동은 도덕에 대한 개념 없이 단지 본능에 따른 것이며, 새가 겪게 되는 결과를 인식하지 못한 행동이기 때문이다.

2) 부도덕(배덕) : 도덕과 선에 대항하는 그릇된 행실이며, 분명한 악이다.

ex 우리는 거짓말을 부도덕한 행동이라고 생각한다.

241

이것과 다르다

윤리 : 오늘날의 복잡한 현실에 정당하게 대처할 수 있게 하는 지혜, 이른바 실용적 지혜라는 의미로 사용된다.

ex 거짓말을 하는 것은 악이다. 그럼에도 미래의 희생자를 보호하기 위해서 범죄자에게 거짓말을 하는 것은 악이 아니다.

어원

도덕morale은 풍습을 의미하는 라틴어 '모레스mores'에서 파생되었다.

인용과 성찰

"우리가 아름다운 행동을 하게 된 동기를 세상이 알게 된다면 우리는 부끄러워하지 않을 수 없을 것이다." _프랑수아 드 라로슈푸코

우리는 왜 선을 행하는가? 선을 행하는 것은 의무인가? 나의 선행에 사심은 없는가? 도덕은 종교적인가?

"사실상 하나의 것이 때로는 선한 동시에 악할 수 있으며, 심지어 선과 악 사이에 차이가 없을 수 있다. 예를 들면 음악이 때로는 악에 대해서 참회하는 사람, 이를테면 고독한 사람에게는 좋을 수 있지만, 귀머거리에게는 좋지도 나쁘지도 않다." _바뤼흐 스피노자, 《에티카》

도덕은 어디에서 오는가? 우리는 절대 선과 절대 악을 알 수 있는가? 단지 도덕적이기만 하면 바른 생각이라고 말하기에 충분한가? 구체적인 실례 없이 도덕이 가능한가? 왜 다른 사람에게 선을 베푸는가?

"자신이 즐기고 다른 사람을 즐기게 하면서도 자신에게, 그리고 다른 어떤 사람에게도 악을 행하지 않는 것, 나는 그것이 바로 도덕이라고 믿는다." _니콜라스 드 샹포르Nicolas de Chamfort, 《금언과 성찰Maximes et pensées》

나에게 기쁨을 주는 것은 언제나 선한 것인가? 나는 세상에 혼자 살면서도

기쁨을 누릴 수 있는가? 악한 줄 알면서도 그것을 할 수 있는가? 자발적으로 악해질 수 있는가? 도덕의 궁극적인 목적은 행복인가?

참고 자료

책 : 《니코마코스 윤리학》, 아리스토텔레스 / 《도덕의 계보》, 프리드리히 니체 / 《도덕과 종교의 두 원천》, 앙리 베르그송 / 《정의의 사람들》, 알베르 카뮈

영화 : 🙂〈피노키오〉, 해밀턴, 샤프스틴 / 〈데블스 에드버킷〉, 테일러 핵퍼드 / 🙂〈키리쿠와 마녀〉, 미셸 오슬로 / 〈반지의 제왕〉, 피터 잭슨 / 〈애프터 더 다크After the Dark〉, 존 허들스 John Huddles

만화 : 🙂《라한Rahan》, 세레Chéret, 르퀴뢰Lecureux

죽음

"인생에 어떤 의미를 부여하는 것이야말로 가장 무의미하다." _블라디미르 장켈레
비치, 《죽음에 대하여》

문제 제기

죽음이란 무엇인가? 죽음은 삶의 종말인가? 아니면 죽음은 다른 삶의 새
로운 시작인가? 죽음은 '무'인가, 아니면 부활인가? 죽음은 한 단계의 과
정인가? 인간은 죽을 수 있는 것이 좋은가, 아니면 영원히 죽지 않는 것이
좋은가?

이것이 아니다

1) **출생** : 자체 생식력이 있는 일부 유기체와 달리 출생은 살아 있는 존재에
게 생명의 시작이다.

ex 출생한 다음에, 포유류가 자손을 번식하기 위해서는 성이 다른 동종의 포유류가 필요
하다.

2) **불멸** : 삶의 기간이 한정되지 않는, 다시 말해 영원히 죽지 않는 생명체의
영속적인 상태를 말한다.

ex 전설에 따르면 흡혈귀는 시간에 따른 쇠락을 겪지 않으며, 영원히 죽지 않는 존재다.

이것과 다르다

1) 삶 : 존재하는 것이며 숨을 쉬고, 물을 마시며 먹고 번식하는 등 생물학적 현상이 나타나는 것이다.

ex 잠을 잘 때 몸은 휴식을 취하지만 나는 의식하지 못하는 상태에서 계속 숨을 쉬고 있고, 심장이 박동을 멈추지 않기 때문에 계속 살 수 있는 것이다.

2) 늙음 : 삶의 후반기에 나타나며, 신체적·지적 기능의 쇠퇴라는 특징이 있다. 늙음은 죽음을 향해 나아가는 생명체의 일반적인 변화를 나타낸다.

ex 아프리카에는 '노인이 죽는 것은 서재가 불타는 것이다'라는 말이 있다. 죽음과 함께 삶의 모든 경험과 지식이 사라지기 때문이다.

어원

죽음mort은 삶의 중단을 의미하는 라틴어 '모르스mors'에서 파생되었다.

핵심적인 정의

죽음은 존재에 형이상학적인 신비를 남긴다. 우리가 죽음에 대해 정의할 때, 물리적으로 확인할 수 있는 것 외에는 달리 할 말이 없다. 이를테면 죽음은 삶의 중단이며, 나아가 완전한 종말이다.

인용과 성찰

*"철학하는 것은 죽음을 배우는 것이다."*_플라톤, 《파이돈》

죽음은 두려운 것인가? 두려움을 없애려면 죽음을 무시해야 되는가? 죽음은 그 자체로 의미가 있는가?

*"진정 자유로운 인간은 죽음에 대해서 전혀 생각하지 않는다. 자유인의 지혜는 죽음에 대한 것이 아니라 오직 삶에 대한 것이다."*_바뤼흐 스피노자, 《에티카》

죽음을 생각하는 것이 삶의 바른 길을 가르쳐주는가? 죽음이 없다면 과연 도덕이 존재할까? 우리를 슬프게 하는 것은 자신의 죽음인가, 아니면 다른 사람의 죽음인가?

"죽음은 우리에게 아무것도 아니다. (…) 우리가 존재하는 동안에 죽음은 존재하지 않으며, 죽음이 있는 순간 우리는 더 이상 그 자리에 없다."_에피쿠로스 《메노이케우스에게 보내는 편지》

우리는 죽음을 경험할 수 있는가? 죽음은 고통인가, 아니면 위로인가? 죽음은 시간의 끝인가, 아니면 영원한 시간에 속하는가? 죽는다는 것은 존재의 이전 상태로 돌아가는 것인가?

참고 자료 _____

책 : 《파이돈》, 플라톤 / 《메노이케우스에게 보내는 편지》, 에피쿠로스 / 《행복한 죽음》, 알베르 카뮈
영화 : 🔞《반딧불의 묘》, 다카하타 이사오 / 〈천년을 흐르는 사랑〉, 대런 아로노프스키 / 〈히어애프터〉, 클린트 이스트우드
시리즈 : 〈식스 핏 언더〉, 앨런 볼
만화 : 《쥐》, 아트 슈피겔만

종교

문제 제기

왜 종교를 보편적인 현상이라고 말하는가? 믿는다는 것은 곧 아는 것인가? 인간은 신의 존재를 알 수 있는가? 믿음이 삶에 도움을 주는가? 모든 종교가 신의 존재를 주장하는가? 종교는 무엇을 위한 것인가? 하나가 아니라 수많은 종교가 존재하는 이유는 무엇인가? 종교가 때때로 폭력을 조장하는 이유는 무엇인가?

이것이 아니다

무신론 : 신, 또는 신들의 존재를 부인하며, 사후 세계를 인정하지 않는다.

ex 무신론자는 우리에게 가능한, 유일한 삶은 지금 살고 있는 삶이며, 신은 인간이 만든 허구라고 생각한다.

이것과 다르다

1) **불가지론** : 신의 존재 또는 부재, 자연의 심층, 우주, 인간의 기원 및 운명

247

에 대해서는 인간이 전적으로 무지하다고 주장하는 학설이다.

ex 신은 자신의 형상대로 인간을 창조했는가? 아니면 인간이 자신의 형상대로 신을 창조한 것인가? 불가지론은 양쪽 어느 것도 지지하지 않으며, 신비를 일방적으로 판단하지 않고 다만 신비로 받아들일 뿐이다.

2) 미신 : 무지, 욕망, 두려움이 뒤섞인 비이성적인 신앙이다.

ex 악한 영혼이 집에 들어오지 못하게 하려면, 자정이 넘어서는 뒷걸음질로 집에 들어와야 한다.

어원

종교religion는 신을 인간에, 또는 인간을 신에 연결시킨다는 의미의 라틴어 '렐리가레religare'에서 파생되었다.

핵심적인 정의

종교는 매우 오래된, 거의 보편적이라고 말할 수 있는 현상이다. 또한 종교는 인간 사이의 관계를 구조화하는 모든 믿음과 의식儀式의 전체다. 인간의 한계를 초월하는 신비를 인정하는 믿음에 근거한다.

인용과 성찰

"사람은 대부분 습관적으로 종교에 매달린다. (⋯) 그들은 부모가 앞서 밟았던 길을 무턱대고 뒤따라간다."_폴 앙리 디트리히 돌바크Paul Henri Thiry d'Holbach, 《베일을 벗은 기독교Le Christianisme dévoilé》

신은 믿음의 대상인가, 아니면 지식의 대상인가? 인간이 종교를 갖는 것은 본능인가, 아니면 문화인가? 또는 개인적인 선택인가?

"도대체 바다는 왜 요동치는가? (⋯) 이렇게 그들은 당신이 신의 의지 안에, 다시 말해 무지의 은신처에 몸을 숨길 때까지 원인에 대한 원인에 대해서 지속적으로 당신에게 질문하는 것을 멈추지 않는다."_바뤼흐 스피노자, 《에티카》

신의 전지전능을 믿는 것은 인간의 나약함 때문인가? 추론과 믿음이 양립할 수 있는가? 이성은 모든 신앙을 미신이라고 판단할 수 있는가?

*"광신이란 스스로 종교의 산물이라고 주장하는 괴물이다."*_볼테르, 《관용론》
*"하나님에게는 종교가 없다."*_간디

신자와 광신자가 다른 이유는 무엇인가? 종교에 속한 것이 어떻게 세상에 드러나는가? 종교 없이 사회가 존재할 수 있는가?

참고 자료 _____

책 : 《신학정치론》, 바뤼흐 스피노자 / 《환상의 미래》, 지크문트 프로이트 / 《종교사 소론 Petit traité d'histoire des religions》, 프레데릭 르누아르 / 《믿음Croyance》, 장클로드 카리에르
영화 : 〈장미의 이름〉, 장자크 아노 / 😊〈페르세폴리스〉, 뱅상 파로노드, 마르잔 사트라피 / 〈인간과 신Des hommes et des dieux〉, 그자비에 보부아Xavier Beauvois
시리즈 : 〈아멘〉, 데이비드 엘크하임
만화 : 😊〈랍비의 고양이Le Chat du rabbin〉, 조안 스파Joann Sfar

사회

"내면의 삶이 지니는 단조로움과 공허에서 발생하는 공동체적 요구와 필요
가 사람으로 하여금 서로가 서로에게 향하도록 이끈다. 그러나 그들의 혐오
스러운 존재 방식과 견딜 수 없는 결함이 그들을 다시 흐트러뜨린다." _아르투
어 쇼펜하우어, 《어록과 모음》

문제 제기
사회란 무엇인가? 사회에서 산다는 것은 무엇을 의미하는가? 인간은 사회
에서 살도록 만들어졌는가?

이것이 아니다
개인 : 자신에게 고유한 특성, 신체, 개성을 지닌 유일한 존재다.

ex 쇼펜하우어에게 있어서 개인의 의미는 마치 고슴도치와 같다. 겨울에 추위와 외로움
에서 자신을 지키기 위해서 같은 종족에게 가까이 다가가지만, 그들의 몸에 박힌 가시에서
자기를 보호하기 위해서 서로 떨어져 있지 않을 수 없다.

이것과 다르다
1) 가족 : 혈통과 입양을 통해 실제적 또는 법적 혈연관계를 지닌 개인들의
집단이다.

ex 인간으로서 개인은 생존하기 위해서 동족이 필요하기 때문에 집단생활은 본능이다.

2) 국가 : 사회생활을 조직하기 위해 우월한 권위를 구체적으로 행사하는 정치제도다.

ex 프랑스에서 대통령은 국가에서 가장 높은 지위를 지닌다. 그래서 대통령을 '국가원수'라고 부른다.

어원

사회société는 동료 또는 회원을 의미하는 라틴어 '소시에타스societas', '소시우스socius'에서 파생되었다.

핵심적인 정의

사회는 공동 규범에 의해 구성되며, 상호 관계를 맺은 개인들의 집단이다. 구성원들은 동일한 역사·문화와 서로 공유하는 언어를 통해 사회와 연결된다.

인용과 성찰

"인간은 본성적으로 정치적인 동물이다. 사회에서 살 수 없는 자는 야수이거나 신이다."_아리스토텔레스, 《정치학》

사람은 사회를 벗어나서 살 수 있는가? 사람은 본래 사회적인가? 사회적인 관계는 본능적인가, 아니면 문화적인가?

"인간이 도시를 형성하는 것은 스스로 만족할 수 없는 개인의 무능력과, 다수의 대상에 대해 개인이 느끼는 필요성 때문이다."_플라톤, 《국가》

더불어 사는 사회생활은 인간에게 무엇을 제공하는가? 사회는 인간이 더 잘 살 수 있도록 도움을 주는가? 인간은 살기 위해서 다른 인간이 반드시 필요한가? 한 사회의 구성원 사이에서 교환은 어떤 의미를 지니는가?

"사람에게는 사회에 들어가려는 지속적인 경향이 있지만, 한편으로는 이를 방해하며 사회를 분열시키는 끈질긴 저항, 다시 말해 '비사회적인 사회성'

도 있다."_이마누엘 칸트, 《세계시민적 견지에서 본 보편사의 이념》

사회에서 살아가는 것이 힘든 이유는 무엇인가? 사회는 속박인가? 사회는
우리를 가로막는가? 사회는 우리를 자유롭게 하는가?

참고 자료

책 : 《국가》, 플라톤 / 《정치학》, 아리스토텔레스 / 《증여론》, 마르셀 모스 / 《1984》, 조지 오
웰 / 《친족의 근본적 구조》, 클로드 레비스트로스
영화 : 〈인투 더 와일드〉, 숀 펜 / 〈디 벨레Die Welle〉, 데니스 간젤 / 😊〈헝거 게임〉, 게리 로스
시리즈 : 〈로스트〉, J. J. 에이브럼스
만화 : 《에세이L'Essai》, 니콜라 드봉Nicolas Debon

시간

"시간이란 무엇인가? 사람들이 나에게 묻지 않는다면 나는 그것을 알 수 있다. 그러나 나에게 묻고, 내가 대답하려고 노력하는 순간부터 나는 그것을 알지 못한다." _성 아우구스티누스, 《고백록》

문제 제기

시간이란 무엇인가? 시간은 무엇으로 이루어졌는가? 시간은 항상 지나가는가? 시간은 우리에게 어떤 영향을 주는가?

이것이 아니다

공간 : 크든 작든 넓이가 있으며 삼차원으로 구성되며, 그 안에 물체가 위치할 수 있다.

ex 오랜 역사를 거쳐 인간은 공간 안에서 이동을 주도하면서 성장하였다. 고도의 이동 수단을 통해서 인간은 지상, 바다, 하늘, 그리고 그 외의 다른 공간을 여행한다.

이것과 다르다

1) 기간 : 개인이 의식적으로 겪는 시간이다. 주관적인 시간의 크기여서 모든 사람에게 동일한 크기가 아니다.

ex 치과에서 지루하게 기다리는 한 시간은 친구들과 보내는 한 시간에 비해 우리에게 훨씬 길게 느껴질 수 있다.

2) 영원 : 시작과 끝이 없으며, 시간을 벗어난 상황이다. 시간 안에서 영원은 측정될 수 없다.

ex "시간을 벗어나는 것은 없다. 다만 영원성이 있고 '무'가 있을 뿐이다. (…) 만약에 신이 있다면 그는 분명 시간을 벗어나서 존재한다." _장 도르메송

어원

시간temps은 라틴어 '템푸스tempus'에서 파생되었다.

핵심적인 정의

시간은 비물질적이다. 측정할 수 있지만 절대로 붙잡을 수 없다. 시간은 마치 선처럼 나타날 수 있다. 현재는 그 선 위에서 과거와 다가올 미래 사이에 존재한다. 그리고 시간은 끊임없이 반복되기 때문에 마치 회전운동을 하는 바퀴처럼 나타날 수 있다.

인용과 성찰

"변하지 않는 우주의 유일한 법칙이 있다. 모든 것이 변하며, 어떤 것도 영속성이 없다는 것이다." _붓다

시간은 무엇을 변화시키는가? 우리는 언제나 같은 상태에 머물 수 있는가? 시간은 모든 것을 파괴하는가? 시간은 우리의 벗인가, 아니면 적인가?

"시간의 특성은 미지를 나타나게 하며, 아는 것을 사라지게 하는 것이다." _장 도르메송, 《살아 있는 것이 행복이다》

우리는 무엇 때문에 과거에 향수를 갖는가? 미래에 대해서 초조한 이유는 무엇인가? 과거와 미래가 존재하는가? 시간이 우리의 주인이라고 말할 수 있는가?

"미래를 향한 진정한 용기는 미래의 모든 것을 현재에 제시하는 것이다."
_알베르 카뮈, 《반항하는 인간》

과거에 얽매이지 않고 미래를 두려워하지 않으면서 현재를 진실하게 살 수 있는가? 그것이 왜 힘든가? 왜 미래를 생각하는 것이 현재를 변하게 하는 가? 나는 미래를 예상하고 대비할 수 있는가?

참고 자료

책 : 《티마이오스》, 플라톤 / 《순간의 미학》, 가스통 바슐라르 / 《물리는 어떻게 진화했는가》, 알베르트 아인슈타인, 레오폴트 인펠트 / 《화성의 타임슬립》, 필립 K. 딕
영화 : 😊〈타임 마스터〉, 르네 랄루 / 😊〈백 투 더 퓨처〉, 로버트 저메키스 / 〈나비 효과〉, 에릭 브레스 / 〈벤자민 버튼의 시간은 거꾸로 간다〉, 데이비드 핀처 / 〈미스터 노바디〉, 자코 반 도마엘 / 〈타임 패러독스〉, 마이클 스피어리그, 피터 스피어리그
시리즈 : 〈저니맨Journeyman〉, 케빈 폴스Kevin Falls
만화 : 《오고타이의 왕관La Couronne d'Ogotai》, 로진스키, 반 암

일

문제 제기

일이란 무엇인가? 우리는 왜 일하는가? 일하는 것이 중요한가? 일을 하지 않으면서도 우리는 행복할 수 있는가?

이것이 아니다

1) **여가** : 자유로운 시간이며, 일상적인 업무에서 벗어나 긴장을 풀고 조용히 생각하며 명상할 수 있는 여유 시간을 말한다.

ex 우리는 여가에 풍선 놀이, 비디오게임, 독서, 그림 그리기, 토론 등을 한다.

2) **무위** : 일이 없는 상태이며, 활동하지 않는 것을 말한다.

ex 할 일 없이 빙빙 돌기만 할 뿐, 무엇을 해야 할지 모를 때 우리는 지루하다.

이것과 다르다

1) **작업** : 예술가의 작업은 시작이 있고 특별한 아이디어가 있다. 끝이 있으며, 마침내 완성된 작품을 탄생시키는 창조적인 활동이다.

ex 대리석 덩어리로 미켈란젤로는 다비드 상을 창조했다.

2) 기술 : 실용적인 과정과 체계적인 방법의 총체로서 학문·직업·예술에 적용된다.

ex '경막외마취'는 분만할 때 이용하는 의료 기술이다.

어원

일travail은 고문 도구를 나타내는 라틴어 '트리팔리움tripalium'에서 파생되었다.

핵심적인 정의

일은 노력을 요구하는 인간 활동이며, 자연적인 요소를 변형해서 새로운 물건과 생각을 창조하거나 만드는 것이다. 인간은 보상을 얻기 위해서 일을 하며, 일의 대가로 자기에게 필요한 것들을 조달할 수 있다.

인용과 성찰

"*노동은 무엇보다 인간과 자연 사이에서 이루어지는 행위다. (…) 동시에 노동을 통해 인간은 외적인 자연에 대해 행동하며, 자연을 변형한다. 또한 인간은 노동을 통해 자신의 고유한 본성을 변화시키며, 활동하지 않는 자신의 능력을 개발한다.*"_카를 마르크스, 《자본론》

일은 인간에게 유익한가? 사람을 변질시키는가? 왜 자연에 대한 일을 통해 자신에 대한 일을 실현할 수 있는가?

"*그럼에도, 행복으로 나아가는 길로서 일의 의미가 지나치게 과소평가되고 있다.*"_지크문트 프로이트, 《문명 속의 불만》

인간에게 일은 행복인가, 아니면 불행인가? 일은 고통스러운 것인가, 아니면 즐거운 것인가? 사람은 일하면서 무엇을 얻는가? 노동자는 생활비를 벌기 위해서 자신의 삶을 희생하는 것이 아닌가?

"당신이 원하는 일을 선택하려고 한다면 당신은 일생 동안 하루도 일할 수 없을 것이다." _공자

자기가 하는 일을 사랑하지 않는 불만이 모든 사람에게 공통적인가? 자기가 원하는 일을 선택하는 것이 쉬운가? 자신의 일을 사랑하는 것은 계속 일하려는 의욕으로 나타나는가?

참고 자료

책 : 《자본론》, 카를 마르크스 / 《행복론》, 알랭
영화 : 😊〈모던 타임즈〉, 찰리 채플린 / 😊〈왕과 새Le Roi et l'Oiseau〉, 폴 그리모 Paul Grimault
시리즈 : 〈트레팔리움 Trepalium〉, 앙타레 바시스 Antarès Bassis, 소피 피에 Sophie Hiet
만화 : 《투아모투에서 보낸 한 계절 Va'a : une saison aux Tuamotu》, 플라오 Flao, 트루브 Troubs

진실

문제 제기

진실은 분명한가? 진실과 현실과의 관계는 무엇인가? 오직 하나의 진실이 있는가, 아니면 복수의 진실이 가능한가?

이것이 아니다

견해 : 어떤 질문, 또는 주제에 대해서 나름대로 생각하는 방식이며, 반드시 옳다고 단정할 수 없는 개인적 판단이다.

ex '상어는 사람을 먹는 물고기다'라는 주장은 그릇된 주장이다. 왜냐하면, 실제로 식인 상어는 소수이며 500종이 넘는 상어 가운데 불과 10여 종에 불과하기 때문이다.

이것과 다르다

1) 오류 : 사실과 다른 것이며, 사실을 알고자 하는 단호한 의지가 없을 때 발생한다.

ex 12월 25일은 예수그리스도의 탄생일이 아니다. 그것은 로마제국에서 지켰던 태양신Sol invictus의 기념일이다. 우리는 그것이 역사적인 오류임을 일지 못한 재 왜곡된 전통을 사실처럼 계승한다.

2) 거짓 : 진실을 아는 사람에 의해 일어나며, 다른 사람을 속이려는 목적에서 진실을 의도적으로 왜곡하는 것이다. 도덕적·법률적 잘못일 수 있다.

ex 카드놀이를 하면서 상대를 속일 때 우리는 의도적으로 진실을 감춘다.

3) 착각 : 인간의 욕망에 의해 변질된 믿음이다. 그 믿음은 착각하고 있는 사람을 더욱 깊은 착각에 빠지게 하며, 객관적인 논증을 받아들이지 못하게 방해한다.

ex 페이스북의 모든 친구가 신성한 친구라고 믿는 것은 착각이다.

어원

진실vérité은 라틴어 '베리타스veritas'에서 파생되었다.

핵심적인 정의

진실은 본래 추상적이다. 그것은 사유와 언어, 현실 사이의 일치를 가리키는 현실성에 맞춘 판단이다. 그러나 이런 일치는 허위일 수 있으며, 인식의 오류(예를 들면 물속에 있는 지팡이는 휘어진 것처럼 보인다) 또는 해석의 오류(눈물은 슬픔뿐 아니라 기쁨의 표현일 수 있다)로 인해 사실이 왜곡될 수 있다.

인용과 성찰

"인간은 만물의 척도다." _프로타고라스

우리는 '각각의 사람에게 각각의 진실이 있다'고 말할 수 있는가? 진실은 모두에게 동일하지 않은가? 의심하는 것이 중요한 이유는 무엇인가? 자신을 속일 수 있는가?

"진실은 우리가 닿을 수 있는 것이 아니다." _블레즈 파스칼, 《팡세》

사람이 진실에 다다르는 것이 가능한가? 진실을 알려면 추론으로 충분한가? 진실을 말하기 위해서 논증과 증거가 왜 필요한가?

"생각하는 사람은 너나없이 언제나 틀린 것부터 시작한다. (…) 예외 없이, 우리가 말하는 모든 진실은 수정된 오류다." _알랭, 《정신의 파수꾼 Vigiles de l'esprit》

오류가 차라리 인간적이라고 말하는 이유는 무엇인가? 외형은 착각을 일으킬 수 있는가? 무엇 때문에 사실에 대한 해석이 오류를 일으킬 수 있는가?

참고 자료 _____

책 : 《테아이테토스》, 플라톤 / 《순수이성비판》, 이마누엘 칸트 / 《여러분이 그렇다면, 그런 거죠》, 루이지 피란델로 / 《1984》, 조지 오웰
영화 : 〈트루먼 쇼〉, 피터 위어 / ☯〈빅 피쉬〉, 팀 버튼 / 〈하얀 리본〉, 미카엘 하네케
시리즈 : 〈라이 투 미〉, 새뮤얼 바움
만화 : 《별의 아이 L'Enfant des étoiles》, 로진스키, 반 암

폭력

"폭력은 나약한 힘이다." _블라디미르 장켈레비치, 《슈수와 불순Le Pur ct l'Impur》

문제 제기

폭력이란 무엇인가? 폭력은 단지 육체적이며 물리적인 것인가? 폭력은 어떤 경우에도 나쁜 것인가? 폭력은 나약함의 고백이 아닌가? 폭력에 어떻게 대처해야 되는가?

이것이 아니다

1) 존중 : 우리가 가치 있다고 판단하는 어떤 사람, 규범, 법을 높이 평가하며 배려하는 태도다. 또한 그것을 훼손하지 않으며 소중히 여기는 태도다.

ex 이웃에게 불편을 끼칠 수 있다면 나는 지하철 안에서 통화하지 않겠다.

2) 비폭력 : 폭력에 대처하기 위해서 자기 스스로 폭력을 행사하는 것을 금지하는 행동 방식이다.

ex 조국 인도의 해방을 위해서 투쟁한 마하트마 간디는 영국의 권력에 맞서 '비폭력주의'를 선택했다.

이것과 다르다

갈등 : 사람 또는 집단 사이의 대립과 다툼이다. 다른 사람이나 집단의 판단을 존중하지 않으면서 자신의 생각을 일방적으로 관철시키려고 할 때 개인 그리고 집단 사이에서 갈등이 일어난다.

ex 자신의 주장을 고수하기 위한 대처에 반드시 폭력적인 방법만 있는 것이 아니다. 논리적인 근거를 주고받으며 대화하는 방법을 선택할 수 있고, 때로는 투표를 통해서 해결할 수 있다.

어원

폭력violence은 두 개의 라틴어에서 파생되었다. 첫 번째는 힘의 남용을 의미하는 라틴어 '비올렌티아violentia'이며 두 번째는 '위반하다', '맞서 행동하다'라는 의미의 라틴어 '비올라레violare'다. 법을 지키지 않는다는 뜻의 '위법'은, 어원상 폭력의 의미를 지니고 있다.

핵심적인 정의

폭력은 다른 사람, 또는 자신에게 가하는, 지나치게 공격적이고 강력한 힘을 포괄하는 표현이다.

인용과 성찰

"인간은 인간에 대하여 늑대다." _토머스 홉스, 《리바이어던》

인간의 본성은 폭력적인가? 사람 사이의 갈등은 본능적인가, 아니면 문화적인가? 폭력이 때로는 사람에게 이익이 될 수 있는가?

"자신의 셈법에 따라 현대 국가는 물리적인 폭력의 독점적인 사용을 합법이라고 당당히 주장한다. (…) 결국 이것은 법을 폭력으로 이끈다." _막스 베버, 《직업으로서의 학문·정치》

폭력을 행사할 권리를 지닌 사람이 있는가? 사회는 다른 사람이나 집단의 폭력으로부터 우리를 보호할 수 있는가? 또는 사회가 폭력을 조장하는가?

"폭력은 항상 '폭력에 반대하기 위해서'라는 명분을 내세운다. 다시 말해 폭력을 상대의 폭력에 대한 정당한 응수라고 주장하는 것이다." _장 폴 사르트르, 《변증법적 이성비판》

우리는 다른 사람의 폭력에 책임이 있는가? 폭력에 폭력으로 대응하는 것이 정당한가?

참고 자료 _____

책 : 《리바이어던》, 토머스 홉스 / 《쥐스틴, 또는 미덕의 불행Justine ou les Malheurs de la vertu》, 마르키 드 사드Marquis de Sade / 《프랑켄슈타인》, 메리 셸리 / 《폭력과 성스러움》, 르네 지라르

영화 : 〈간디〉, 리처드 아텐보로 / 〈시계태엽 오렌지〉, 스탠리 큐브릭 / 〈아메리칸 히스토리 X〉, 토니 케이 / 〈엘리펀트〉, 거스 밴 샌트 / 😊〈클래스〉, 로랑 캉테 / 😊〈메리와 맥스〉, 애덤 엘리엇 / 〈온리 갓 포기브스〉, 니콜라스 윈딩 레픈

시리즈 : 〈로마〉, 존 밀리어스

만화 : 《무레나Murena》, 뒤포Dufaux, 들라비Delaby

에필로그

아이들과 함께했던 집중력 훈련_{명상}과 철학교실은 나에게 소중한 경험이었다. 집중력 훈련과 철학교실이 아이들의 교육적인 요구에 매우 필수적이라는 사실을 깨달았기 때문이다. 아이들은 명상을 통해 '내면화'를 배우면서 심리적 안정을 얻을 수 있었으며, 감정을 통제하면서 자신에게 닥친 상황에 집중할 수 있었다. 철학교실은 아이들에게 정확한 언어 사용법을 알려주었으며, 체계적으로 사유하기 위한 지표를 제시해주었다. 아이들은 유머를 잃지 않으면서도 엄격한 규칙에 따라 토론을 진행하는 훈련을 받을 수 있었고, 명석하고 예리한 판단력으로 철학교실을 이끌었다. 또한 철학교실은 아이들이 생생한 질문을 서로 주고받을 수 있는 분위기를 만들어주었으며, 토론하는 즐거움을 느끼게 해주었다. 아이들과 함께 철학하는 것은 긴 호흡이 필요하며, 인내심을 가지고 한결같은 자세로 이끌어야 한다. 처음 철학교실을 시작할 때는 걱정스러웠지만, 불과 몇 달 만에 이룬 결과는 놀라웠다!

철학교실을 하면서 나는 스스로에게 이런 질문을 했다. '어떻게 하면 이 소중한 경험을 지속할 수 있으며, 모든 학교에 적용할 수 있을까?' 그런데 작년에 철학교실을 준비하는 동안 나는 철학교실과 명상을 자신이 반시으로 ♀였히ᅳ 여리 사람을 반ㅏ 철악교실의 발전에 대해 많은 이야기를 나눌 수 있었다. 그때 나는 프랑스어 사용 국가, 나아가 앵글로색슨 국가에도 명상과 철학교실이 널리 알려졌고, 적지 않은 호응을 받고 있다는 사실을 알았다. 물론 그동안에 많은 경험이 축적되었다는 사실도 알 수 있었다.

그래서 나는 프랑스 재단Fondation de France의 공적 지원을 받는 협회를 만들어, 아이들을 위한 명상과 철학교실을 위해 다음과 같은 역할을 하기로 마음먹었다.

— 앞서 활동을 시작한 개인이나 단체의 연대를 통해, 특히 인터넷 사이트를 통해 철학교실의 유용성을 구체적으로 알린다.
— 재정적인 도움이 필요한 단체를 지원한다.
— 철학교실과 집중력 훈련을 담당할 지원자를 모아 교사나 교장이 그들을 지도하게 한다.
— 명상-철학교실 전문가 양성 학교를 개설해 재정적인 지원을

한다.

프랑스 재단 책임자들을 만났을 때, 그들은 기다렸다는 듯이 나에게 마르틴 루셀아담Martine Roussel-Adam을 소개했다. 그 역시 더불어 사는 삶과 인간에 대한 이해를 일깨우는 철학과 명상 교육에 깊은 관심을 갖고 있었다. 따라서 우리는 공동의 주제에 대해서 진지하고 솔직한 대화를 나눌 수 있었다. 여러 방안을 연구하고 발전시킨 마르틴은 어린 시절의 진로Chemins d'Enfances 재단을 설립했다. 이 재단은 약 10년 전부터 취약 아동을 위한 교육 프로그램 개발에 열중했다. 마르틴은 또한 아쇼카Ashoka 재단의 의장으로서 사회경제와 공동체적 경제 문제에 깊숙이 관여하고 있었다.

우리의 멋진 만남에서 마침내 SEVESavoir Être et Vivre Ensemble, 이해와 상생 재단이 설립되었으며, 설립 목적은 다음과 같다.

오늘날 젊은이들의 정신적·물질적 빈곤은 개인적인 절망과 함께 사회적인 갈등을 야기하고 있다. 우리는 일방적인 지식 축적에 의존하는 현대 교육의 폐쇄성을 직시하며, 재단을 통해 전통적인 교육의 일신에 기여하기를 원한다. 그러기 위해서는 아이들이 어려서부터 스스로 추론하고 자신의 감정을 조절하며 창의성을 개발해야 한다. 또한 공감 능력을 키우면서 다른 문화의 사람들과 협조하며 서로 신뢰할 수 있어야 한다. 즉, 우리는 창의적인 교육을 통해 아이들을 활력 있고 책임의식을 갖춘 시민으로 준비시키는 것이 중요하다고 느꼈다. 따라서 SEVE 재단의 설립 목적은 '인간에 대해 알며, 더불어 사는 삶'이며, 그에 관한 제반 업무를 지원하고 알리기 위해 여러 단체와 힘을 합쳐 활동하고 있다. 다시 말해 몽테뉴의 유명한 말, "잘 채워진 머리보다 잘 만들어진 머리"를 중시하는 재단이다.

인터넷 사이트www.fondationseve.org를 통해 학교에서 철학과 명상을 가르치는 교육 담당자 사이에 네트워크가 형성됐다. 나는 별도로 SEVE 재단에 소속된 사람과 협회를 이메일fondationseve@gmail.com로 초대했다. 재단은 소속된 협회를 재정적으로 지원하며, '아이들을 위한 철학'을 독려하는 협회의 주도적인 역할에 보답하기 위해서 매년 정기적으로 시상할 것이다. 프랑스 재단에 적극적으로 참여하고 있는 마르틴과 나는 재단에 들어오는 자원을 관리하며, SEVE의 지속적인 발전을 위해서 각자 수입의 일부를 매년 정기적으로 기부하기로 약정했다. 물론 이런 정도의 재정 지원으로 충분하지 않다. 이 사업을 제대로 이끌기 위해서는 막대한 지원이 필요하며, 우리의 활동을 지지하는 개인 또는 단체가 인터넷 사이트에 들어와서 자발적으로 후원하면 큰 도움이 될 것이다.

재단의 가장 중요한 목적 가운데 하나는 철학과 명상 수업을 가르칠 교사 양성 과정을 만들고 재정을 지원하는 것이다. 무상인 이 과정은 학기 중에 진행되며, 이를 토대로 철학과 명상 수업을 인도할 수 있는 사람의 수가 늘어날 것이다. 그리고 철학교실을 인도하는 교사 사이에 네트워크가 만들어질 것이다. 교사들은 ESPE교사 고등 교육 과정, 또는 교육부와 더불어 다양한 아카데미가 지속적으로 제시하는 교육을 통해 철학교실에 관한 제반 과정을 습득할 수 있을 것이다.

나는 이런 계획을 친구인 철학연구소 연구원 압데누어 비다르 Abdennour Bidar에게 말하면서, 내가 운영하는 철학교실에 참석해달라고 요청했다. 초등학교 교육과정에 도덕과 시민의식 함양을 위한 토론을 포함시키는 일의 중요성을 익히 알고 있던 그는 교육부 장관을 소개해주었고, 장관 역시 매우 호의적이었다. 따라서 SEVE는 장차 교육부 장관과 긴밀한 관계를 맺고 일을 진행하게 될 것이다. 나아가 나는 이 계획에 관심이 있는 모든 사립학교의 참여를 적극 독려할 생각이다.

내가 직접 심사했던 50명의 교육자와(명상 훈련과 철학교실 경험이 있는) 10여 명의 다른 참여자의 1차 모임이 2016년 9월에 론알프 지방에서 열렸으며, 다른 모임도 프랑스의 여러 지방에서 시작되었다. 교사 양성 과정에 참여하기 원하면 (또는 회원으로 참여하기 원하면) 누구든지 SEVE의 인터넷 사이트에 접속해서 정보를 제공받을 수 있다. 후보자 선출과 교육 프레젠테이션이 프랑스, 벨기에, 스위스, 퀘벡에서 있을 것이다.

바츨라프 하벨Vaclav Havel은 현대사회의 기술혁명과 급격한 세계화에서 발생한 혼란(과 함께 우리가 오늘날 겪고 있는 비극적인 사태)에 맞서

의식혁명이 반드시 필요하다고 역설했다. 여기에 철학교실은 소중한 역할을 할 수 있다. 아이들의 능동적인 의식을 일깨워, 피상적 지식과 정치적·종교적 이념에 맞서 비평 정신을 갖추도록 도와주기 때문이다. 중장기적 관점에서 볼 때 아이들을 위한 철학교실은 함께 살아가는 세상에서 상생을 위한 열쇠를 제공할 것이다. 따라서 이 일을 하는 게 매우 중요하며, 시급하다!

감사의 말

철학교실에 참여했던 18개 학급의 모든 아이에게 마음을 다해 감사의 말을 전하고 싶다. 또한 철학과 명상 수업에 열심히 동참했던 각자에게 일일이 고마움을 전한다. 너희는 나에게 큰 감동을 주었으며, 많은 것을 남겨주었다. 비록 우리가 철학교실에서 다시 볼 수는 없겠지만, 나는 결코 너희를 잊을 수 없을 것 같다. 철학교실을 진행하는 동안 사진 촬영과 영상 제작을 허락해주신 부모님들께도 감사의 마음을 전한다.

  몇 달 동안의 정기 학습을 위해 교실을 기꺼이 개방해주고 우리에게 열렬한 환대를 아끼지 않았던 다음의 선생님들께도 깊이 감사드린다. 우리의 모험이 시작되었던 제네바의 베르나데트, 실비, 나탈리, 엘로디, 라나, 브란도의 나탈리 카스타와 미셸 비아누치,

파리의 카트린 후젤, 페즈나의 스테파니 로라스와 소피 메르, 몰렌비크의 스테파니 드레이마에케르와 오렐리 네루에즈, 무앙사르투의 카시 보코브자 선생님께.

수업의 모든 편의를 제공해주신 초등학교 교장 선생님들과 시장님들께도 감사를 드리지 않을 수 없다. 특히 카트린 피르메니쉬, 마리잔 트루쇼(그가 촬영한 멋진 사진과 SEVE 재단에 대한 협조에 특별한 고마움을 느낀다!), 알랭 보젤생제르, 플로랑스 로트, 제리고 뒤푸르, 바니 피에르 비달, 폴 레스티엔, 프랑수아 콩베스퀴르, 다프네 타이외에게 감사드린다. 니스에서 장애아들을 위한 철학교실을 준비한 이사벨 위베르, 아비장의 고아원에서 철학교실을 준비한 린다 마올라와 로티 라투루에게도 진실한 마음으로 감사의 말을 전한다.

몇 달에 걸쳐 철학교실을 하는 내내 멋진 미소로 나와 동행하면서 이 책에 수록될 사진을 성실히 준비했고, SEVE에서도 적극적으로 활동하고 있는 릴리아나 린덴베르그에게 특별한 고마움을 전하고 싶다. 철학교실에서 진행된 내용을 일일이 기록하며 남다른 인내심을 보여준 스텔라 델마스와, 철학 개념을 정성껏 파일로 작성해준 올리비에 바르바루에게도 심심한 사의를 전한다.

마르틴 루셀아담, 아브데누르 비다를 비롯해서 SEVE 재단을 활성화하는 데 많은 도움을 준 모든 분께 감사를 전한다. 그리고 프랑스 재단의 필립 라게이에트, 도미니크 르메트르, 마틸드 르로지에게도 감사의 마음을 전한다. 또한 출현 협회l'association Émergences의

272

마리 테레스 피롤리, 나탈리 브로샤, 에드위주 시루테, 파트리크 타롤, 브뤼노 기울리아니, 베로니크 이나시오, 나스타샤 반 데르 스트라텐 바이에트, 카롤린 르지르외, 일리오스 코추에 대한 감사도 결코 빠뜨릴 수 없다.

　마지막으로, 이 책을 집필하는 동안 소중한 조언을 아끼지 않았던 리즈 보엘, 우정 어린 인내심을 보여준 프랑시스 에스메나르, 그리고 발행인 뤼세트 사비에르에게 감사의 뜻을 전한다.

옮긴이의 말

'아이와 함께 철학하기'.

제목만 보면 자녀들에게 철학을 가르치는 학습서처럼 보일 수
있다. 그러나 6세부터 11세의 어린아이들을 대상으로 철학교실을
운영했던 저자의 '모험담'을 읽으면서 나에게 떠오른 생각은 차라
리 '아이에게 철학을 배우다'였다.

"기쁨은 내가 갖고 싶은 것을 소유하는 것이지만, 행복은 다른 사람과
함께 나누는 거야."_마리(10세)

"사람은 다른 동물들과 달리 절대로 만족하지 않아. 사람은 항상 더 많
은 것, 더 좋은 것을 원해."_테스(10세)

"세상에 사는 어떤 사람도 모든 것을 다 알 수 없어. 그리고 우리가 정

의를 지키려고 해도 때로는 우리 생각이 틀릴 수 있어."_니농(8세)

"살다 보면, 당장은 원하는 것을 얻지 못해도 나중에 더 나은 것을 얻는 경우가 종종 있기 때문에 삶은 의미가 있는 거야. 삶에는 항상 두 번째 기회가 있어."_아유브(9세)

아이들의 어린 마음에서 우러나오는 순수한 영혼의 철학은 이미 욕망과 처세에 물든 어른들의 성공철학과 너무 달랐고, 새삼 행복한 삶의 의미를 일깨워주었다.

물론 이 책을 쓴 저자의 의도는 분명하다. 철학교실을 통해 아이들에게 폭넓은 지식뿐 아니라 순수한 마음과 생각으로 대상을 성찰하는 사유를 가르치고자 함이다.

저자가 인도하는 철학교실의 방식은, 우리가 흔히 보는 교사 중심의 주입식 교육이 아니라 자유로운 토론을 통해 아이들이 자신의 삶에 주제를 적용해보는 자율학습이다. 교육의 전반적인 내용과 목적이 오직 입시에 함몰된 한국의 교육 제도와 과정을 생각하면, 저자뿐 아니라 이 책에 등장하는 어린아이들이 우리에게 전하는 울림이 결코 작지 않다.

삶에 대해 말하라고 하면 주저 없이 성공을 떠올리고, 죽음에 대해서 말할 때는 여지없이 부정적인 측면만 바라보는 대부분의 아이와 달리, 철학교실에 참여한 아이들은 대화와 토론을 통해서 삶과 죽음이 지니는 긍정과 부정의 양면을 동시에 바라본다. '열린 마음'을 가지게 된 것이다.

주입된 지식과 개인적인 경험을 바탕으로 자신의 생각을 다른 사람에게 강요하는 지식의 철학이 아니라 다른 사람들의 삶과 경험, 그리고 생각을 받아들이며 자신의 폐쇄적인 사유를 수정하고 보완하는 아이들의 모습을 보면서 마음 한편에 부러움과 더불어 안타까움이 없지 않았다. 우리나라가 세계 10위권의 경제 대국이라고 하지만, OECD 국가 가운데 자살률이 최고 수준이며 국민 행복 지수 역시 바닥에서 벗어나지 못하는 이유 가운데 하나가 떠올라서다. 바로 더불어 사는 삶의 진정한 가치를 일깨우지 못하는 교육철학의 부재다.

이 책에 등장하는 아이들은 삶의 다양한 주제, 예를 들면 죽음, 행복, 폭력, 돈, 성공 등에 대해 토론하면서 나만의 생각이 아니라 우리의 생각, 나만의 유익이 아니라 우리의 유익, 가시적인 가치만이 아니라 본질적인 가치를 다시 생각하고 깨닫는 소중한 행운을 누릴 수 있었다.

이 책은 부모나 교사 같은 성인에게 철학을 가르치는 교재가 아니다. 그럼에도 이 책에서 제시하는 방법에 따라 아이들에게 철학하는 방법을 가르치다 보면, 부모나 교사도 아이들의 순수한 영혼에서 솟구치는 대화를 들으면서 자신의 삶과 진실을 반추하는 소중한 기회를 얻을 수 있을 것이다.

물론 이처럼 작은 책에 철학에 관한 많은 내용이 담길 수는 없다. 그럼에도 독자는 이 책을 통해 '철학이란 무엇인가?'라는 질문에 대한 다른 답을 들을 수 있을 것이다. 지식이 아니라 순수한 영혼이 제시하는 '자치', 그리고 너와 내가 어우러져 함께 살아가는 '상생'의 의미를 말이다.

아동을 위한 철학

실용적인 책들

• CHIROUTER Edwige, *Ateliers de philosophie à partir d'albums de jeunesse*, Hachette, 《Pédagogie pratique》, 2016.

• COULON Jacques (de), *Imagine-toi dans la caverne de Platon*···, Payot, 《Payot Psy》, 2015.

• POUYAU Isabelle, *Préparer et animer des ateliers philo* (cycles 1 et 2), Retz, 2016.

• THARRAULT Patrick, *Pratiquer le débat philo à l'école*, Retz, 2016.

• TOZZI Michel, *La morale, ça se discute*···, Albin Michel Jeunesse, 2014.

이론적인 책들

ABÉCASSIS Nicole-Nikol, *Lettre aux enfants gâtés!*, Les Éditions Ovadia, 《L'École des Savoirs》, 2015.

• BEGUERY Jocelyne, *Philosopher à l'école primaire*, Retz, 2012.

• CHIROUTER Edwige, *L'Enfant, la Littérature et la Philosophie*, L'Harmattan, 《Pédagogie : crises, mémoires, repères》, 2015.

• GALICHET François, *Pratiquer la philosophie à l'école*, Nathan, 2004.

• GENEVIÈVE Gilles, *La Raison puérile*, Labor, 《Quartier libre》, 2006.

• LALANNE Anne, *La Philosophie à l'école*, L'Harmattan, 2009.

• LELEUX Claudine (sous la dir. de), *La Philosophie pour enfants*, De Boeck, 《Pédagogies en développement》, 2008.

• LOOBUYCK Patrick, SÄGESSER Caroline, *Le Vivre ensemble à l'école*, Espace de libertés, 《Liberté j'écris ton nom》, 2014.

• PETTIER Jean-Charles, LEFRANC Véronique, *Un projet pour*··· *philosopher à l'école*, Delagrave, 《Guide de poche de l'enseignant》, 2006.

• PETTIER Jean-Charles, DOGLIANI Pascaline, DUFLOCQ Isabelle, *Un projet pour*··· *apprendre à penser et réfléchir à l'école maternelle*, Delagrave, 《Guide de poche de l'enseignant》, 2010.

• SASSEVILLE Michel, *La Pratique de la philosophie avec les enfants*, Presses de l'Université Laval, 《Dialoguer》, 2000, 2009.

• SOLEILHAC Alain, *Renforcer la confiance en soi à l'école*, Chronique sociale, 《Savoir communiquer》, 2010.

• TOZZI Michel, *Nouvelles pratiques philosophiques*, Chronique sociale, 《Comprendre la société》, 2012.

• TOZZI Michel (coordonné par), *L'Éveil de la pensée réflexive à l'école primaire*, Hachette Éducation, 2002.

전집, 연재물

• *La revue Pomme d'Api* propose des fiches d'accompagnement pédagogique autour des grandes notions de la philosophie. Conçues par Jean-Charles PETTIER, ces fiches permettent de préparer des ateliers philo avec les enfants. On retrouve ces grandes questions dans la collection 《Les p'tits philosophes》, Bayard Jeunesse.

• La collection 《Les Petites Conférences》, Bayard Jeunesse, est la forme publiée des conférences pour les enfants (à partir de 10 ans) organisées chaque année par la dramaturge et metteuse en scène Gilberte TSAÏ au Centre dramatique national de Montreuil. Par exemple : *Tu vas obéir!*, de Jean-Luc Nancy, 2014 ; *La Monnaie, pourquoi?*, de Jean-Claude Trichet, 2013.

• 《Les petits Platons》, éditions Les petits Platons, maison et collection fondées par Jean-Paul MONGIN, évoquent la vie et la pensée des philosophes célèbres. Par exemple : *Les Mystères d'Héraclite*, Yan Marchand, 2015 ; *Moi, Jean-Jacques Rousseau*, Edwige Chirouter, 2012.

• 《Les Philos-fables》, Albin Michel, de Michel PIQUEMAL, proposent des pistes d'ateliers philo à partir de fables venues du monde entier : *Les Philo-fables pour la Terre*, 2015 ; Les Philo-fables, 2008.

• 《Chouette penser!》, Gallimard Jeunesse, dirigée par Myriam REVAULT D'ALLONNES, aborde sous un angle philosophique des questions très variées. Par exemple : *À table!*, Martine Gasparov, 2014 ; *Pourquoi on écrit des romans⋯*, Danièle Sallenave, 2010.

• 《Les goûters philo》, Milan, dont le slogan est 《Pour parler de philosophie en classe》, a été lancée en 2000 par Michel PUECH et Brigitte LABBÉ. (Certains titres existent sous la forme de CD audio.) Par exemple : *Les Images et les Mots*, Brigitte Labbé et Pierre-François Dupont-Beurier, 2015 ; *Moral et pas moral*, Brigitte Labbé et Pierre-François Dupont-Beurier, 2013.

• Dans les livres de la collection 《Philoz'enfants》, Nathan Jeunesse, dirigée par Oscar BRENIFIER, les grands thèmes philosophiques sont explorés à partir de six questions. Par exemple : *Qui suis-je?*, 2013 ; La liberté, c'est quoi?, 2012.

• 《PhiloFolies》, Père Castor/Flammarion, où l'approche philosophique se fait par le biais d'une 《histoire dont vous êtes le héros》. Par exemple : *Et si on parlait de politique?*, Jeanne Boyer, 2014 ; Comment sais-tu ce que tu sais?, Jeanne Boyer, 2012.

다큐 필름

- POZZI Jean-Pierre, BAROUGIER Pierre, *Ce n'est qu'un début*, 2010.

인터넷 사이트

- http://www.philotozzi.com [site de Michel TOZZI]
- http://agsas.fr/spip [Association des groupes de soutien au soutien. Site de Jacques LEVINE]
- http://www.cenestquundebut.com/[site du documentaire *Ce n'est qu'un début*]
- http://philolabasso.ning.com/[site de l'association Philolab]
- https://www.facebook.com/chaireUNESCOphiloenfants/ [page Facebook chaire Unesco 《Pratiques de la philosophie avec les enfants》]

아동 정신심리학

- FILLIOZAT Isabelle, 《*Il me cherche!*》, Jean-Claude Lattès, 2014 ; Marabout Poche, 2016.
- Dr GUEGUEN Catherine, *Pour une enfance heureuse*, Robert Laffont, 2014 ; Pocket, 2015.
- Dr SIEGEL Daniel J., PAYNE BRYSON Tina, *Le Cerveau de votre enfant*, Les Arènes, 2015.

아동을 위한 요가와 명상

- BILIEN Lise, GARAMOND Élodie, Zen, un jeu d'enfants. *Grandir heureux grâce au yoga et à la méditation*, Flammarion, 2016.
- FLAK Micheline, COULON Jacques (de), *Le Manuel du yoga à l'école*, Payot & Rivages, 《Petite Biblio Payot Psychologie》, 2016.
- SNEL Eline, *Calme et attentif comme une grenouille*, Les Arènes, 2012.
- Site Internet de l'association Enfance et Attention (association pour le développement de la pleine conscience auprès des enfants et des adolescents) : http://enfance-et-attention.org/Contact : contact@enfanceetattention.org

저자의 글들

소설

- *Cœur de cristal*, conte, Robert Laffont, 2014 ; Pocket, 2016.
- *Nina*, avec Simonetta Greggio, roman, Stock, 2013 ; Le Livre de Poche, 2014.
- *L'Âme du monde, conte de sagesse*, NiL, 2012 ; version illustrée par Alexis Chabert, NiL, 2013 ; Pocket, 2014.
- *L'Oracle della Luna*, scénario d'une BD dessinée par Griffo, tome 1 : *Le Maître des Abruzzes* ; tome 2 : *Les Amants de Venise* ; tome 3 : *Les Hommes en rouge* ; tome 4 : *La Fille du sage*, Glénat, 2012-2016.
- *La Parole perdue*, avec Violette Cabesos, roman, Albin Michel, 2011 ; Le Livre de Poche, 2012.
- *Bonté divine!*, avec Louis-Michel Colla, théâtre, Albin Michel, 2009.
- *L'Élu. Le fabuleux destin de George W. Bush. Sa vie, son oeuvre, ce qu'il laisse au monde⋯*, scénario d'une BD dessinée par Alexis Chabert, L'Écho des savanes, 2008.
- *L'Oracle della Luna*, roman, Albin Michel, 2006 ; Le Livre de Poche, 2008.
- *La Promesse de l'ange*, avec Violette Cabesos, roman, Albin Michel, 2004, prix Maison de la Presse 2004 ; Le Livre de Poche, 2006.
- *La Prophétie des Deux Mondes*, scénario d'une BD dessinée par Alexis Chabert, tome 1 : *L'Étoile d'Ishâ* ; tome 2 : *Le Pays sans retour* ; tome 3 : *Solâna* ; tome 4 : *La Nuit du serment*, Vent des savanes, 2003-2008.
- *Le Secret*, fable, Albin Michel, 2001 ; Le Livre de Poche, 2003.

에세이와 자료집

- *La Puissance de la joie*, Fayard, 2015.
- *François, le printemps de l'Évangile*, Fayard, 2014 ; Le Livre de Poche, 2015.
- *Du bonheur, un voyage philosophique*, Fayard, 2013 ; Le Livre de Poche, 2013, 2015.
- *La Guérison du monde*, Fayard, 2012 ; Le Livre de Poche, 2014.
- *Petit traité de vie intérieure*, Plon, 2010 ; Pocket, 2012.
- *Comment Jésus est devenu Dieu*, Fayard, 2010 ; Le Livre de Poche, 2012.
- *La Saga des francs-maçons*, avec Marie-France Etchegoin, Robert Laffont, 2009 ; Points, 2010.
- *Socrate, Jésus, Bouddha. Trois maîtres de vie*, Fayard, 2009 ; Le Livre de Poche, 2011.
- *Petit traité d'histoire des religions*, Plon, 2008 ; Points Essais, 2011, 2014.
- *Tibet, le moment de vérité*, Plon, 2008, prix Livres et Droits de l'homme de la ville

de Nancy ; rééd. sous le titre *Tibet, 20 clés pour comprendre*, Points Essais, 2010.
* *Le Christ philosophe*, Plon, 2007 ; Points Essais, 2009, 2014.
* *Code Da Vinci : l'enquête*, avec Marie-France Etchegoin, Robert Laffont, 2004 ; Points, 2006.
* *Les Métamorphoses de Dieu. La nouvelle spiritualité occidentale*, Plon, 2003, Prix européen des écrivains de langue française 2004 ; rééd. sous le titre *Les Métamorphoses de Dieu. Des intégrismes aux nouvelles spiritualités*, Fayard, 《Pluriel》, 2005, 2010.
* *L'Épopée des Tibétains. Entre mythe et réalité*, avec Laurent Deshayes, Fayard, 2002.
* *La Rencontre du bouddhisme et de l'Occident*, Fayard, 1999 ; Albin Michel, 《Spiritualités vivantes》, 2001, 2012.
* *Le Bouddhisme en France*, Fayard, 1999.

대담집

* *Dieu. Petites et grandes questions pour athées et croyants*, Entretiens avec Marie Drucker, Robert Laffont, 2011 ; Pocket, 2013.
* *Mon Dieu… pourquoi?*, Entretiens avec l'abbé Pierre, Plon, 2005.
* *Mal de Terre*, Entretiens avec Hubert Reeves, Seuil, 《Science ouverte》, 2003 ; Points Sciences, 2005.
* *Le Moine et le Lama*, Entretiens avec Dom Robert Le Gall et Lama Jigmé Rinpoché, Fayard, 2001 ; Le Livre de Poche, 2003.
* *Sommes-nous seuls dans l'univers?*, Entretiens avec Jean Heidmann, Alfred Vidal-Madjar, Nicolas Prantzos et Hubert Reeves, Fayard, 2000 ; Le Livre de Poche, 2002.
* *Entretiens sur la fin des temps*, Entretiens avec Jean-Claude Carrière, Jean Delumeau, Umberto Eco et Stephen Jay Gould, Fayard, 1998 ; Pocket, 1999.
* *Les Trois Sagesses*, Entretiens avec Marie-Dominique Philippe, Fayard, 《Aletheia》, 1994.
* *Le Temps de la responsabilité*, Entretiens sur l'éthique, postface de Paul Ricoeur, Fayard, 1991 ; Fayard 《Pluriel》, 2013.
* *Les Risques de la solidarité*. Entretiens avec Bernard Holzer, Fayard, 1989.
* *Les Communautés nouvelles*, Interviews des fondateurs, préface du cardinal Decourtray, Fayard, 1988.

백과사전

* *La Mort et l'immortalité. Encyclopédie des savoirs et des croyances*, avec Jean-Philippe de Tonnac, Bayard, 2004.

- *Le Livre des sagesses. L'aventure spirituelle de l'humanité*, avec Ysé Tardan-Masquelier, Bayard, 2002, 2005 (poche).
- *Encyclopédie des religions*, avec Ysé Tardan-Masquelier, 2 volumes, Bayard, 1997, 2000 (poche).

유용한 링크

SEVE 협회 : www.fondationseve.org
이메일 : fondationseve@gmail.com

페이스북과 웹사이트를 통해서도 프레데릭 르누아르의 활동을 확인할 수 있다.

페이스북 : https://www.facebook.com/Frederic-Lenoir- 134548426573100/
웹사이트 : www.fredericlenoir.com

PHILOSOPHER ET MÉDITER AVEC LES ENFANTS